当你被看见

胡素卿 著

中信出版集团 | 北京

图书在版编目（CIP）数据

当你被看见 / 胡素卿著 . -- 北京：中信出版社，2022.6
ISBN 978-7-5217-4185-8

Ⅰ.①当… Ⅱ.①胡… Ⅲ.①心理咨询－案例 Ⅳ.
① B849.1

中国版本图书馆 CIP 数据核字 (2022) 第 055706 号

当你被看见
著者： 胡素卿
出版发行：中信出版集团股份有限公司
（北京市朝阳区惠新东街甲 4 号富盛大厦 2 座　邮编　100029）
承印者： 河北京平诚乾印刷有限公司

开本：880mm×1230mm 1/32　印张：7　字数：118 千字
版次：2022 年 6 月第 1 版　印次：2022 年 6 月第 1 次印刷
书号：ISBN 978-7-5217-4185-8
定价：52.00 元

版权所有·侵权必究
如有印刷、装订问题，本公司负责调换。
服务热线：400-600-8099
投稿邮箱：author@citicpub.com

目录

自序
V

01 停不下来的脚步
001

在家庭教育环境的影响下，威廉从小就是别人家的好孩子，聪明、用功、勤奋、有追求。当威廉成长为一个25岁的青年时，他依然用严格的标准要求自己，不肯有半点松懈，却出现了一系列身心症状，并在人际交往中感到困难重重。

一方面，他感受不到工作、生活有任何意义；另一方面，出于惯性他无法停下脚步。在和心理咨询师会谈的过程中，威廉体会到心理失衡的原因，并开始关注到自己的真正需求。

02 在童年暴力的阴影下
023

20多岁即将大学毕业的美莲，带着某种试探性和潜在的攻击性步入咨询室，也开始了她的疗伤之旅。

在和咨询师坦诚相对的过程中，美莲渐渐展现出真实的自我，放下过度的防御，挣脱了原生家庭带来的沉重的负荷。在选择未来职业时，品质高洁的她体会到了心理咨询的过程带给自己的温暖与关怀。她立志从事心理咨询工作，把自己曾得到的希望带给他人。

03 伤逝
049

虽拥有超凡的艺术才华、人人称羡的家庭生活，阿秀的内心深处却充满紧张、焦虑和无力感。她认为寻找到合适的咨询师比接受咨询更重要。

终于在合适的机缘下，阿秀可以面对内心最深的恐惧，摆脱噩梦的纠缠，回归到情感的正轨上，对她钟情的艺术，也产生了新的热情。

04
婚外情
069

一个偶然的情况下，英子发现了先生的婚外情。她原以为幸福的生活一下子岌岌可危。作为心理咨询师的英子，在这场情感的风暴中，痛定思痛，重新觉察自己的生活，看到了潜意识在事件背后的推动力。
英子在伤痛中涅槃，用勇气和智慧赋予了生活新的开始。

05
中年危机
089

人到中年的嘉明，处在高强度的工作压力、紧张的人际关系、和伴侣情感疏离的情境中，自觉孤立无援、无路可退。
但所谓的中年危机也正是自我整合的最佳机会。奋力攀登的过程中，也可闲庭信步。咨询师自身的际遇也给了嘉明深远的扰动。只有经历过困境，才能收获困境的意义，从而有能力设计出新的人生故事。

06
他为什么
不愿结婚?
111

华强和小雪相恋十年，却迟迟不能进入婚姻的殿堂，华强的焦虑症似乎成了阻碍。面对选择的十字路口，华强的惊恐发作似乎具有某种强烈的象征意味。
而在华强的感情世界中，上演着白玫瑰与红玫瑰的故事。他确实处在双重趋避冲突之中。穿越层层迷雾，华强清楚了自己的内心想法，他决定不再把自己藏身于症状的背后，承担起应负的责任。

07
珍妮的故事
133

在珍妮的成长过程中，原生家庭带来的羁绊如影随形，从漫长的十年抑郁，成长为受人尊重的心理咨询师，珍妮走过了艰难的旅程，生命本身的韧性与顽强，在

目录

这个过程中体现得淋漓尽致。她对自己的成长很满意。但生命的过程，似乎是回归最初的过程。随着年龄的增长，珍妮体会到原生家庭阴影的力量有增强的趋势，她为此深感不安。

新的觉察带来新的转机，最终她仍旧和命运和解。

08
青春期的迷思
155

美丽的晴天，从16岁的青春期开始就饱受一系列神经症性问题的折磨。咨询师针对她的心理咨询工作，收效甚微。

10年后，晴天和咨询师回访交谈，当初疾病的原因才重新被揭开面纱。原来，一切症状都是源于不能坦诚地表达自己的处境，这也带给咨询师和晴天新的启示。

09
如何面对
不确定的未来？
169

55岁，即将退休的雅雯来到咨询室，询问咨询师，如何才能在几乎一无所有的情况下面对不确定的未来？咨询过程中遇到的困境往往折射出了咨询师自身的困境，这个关于存在的终极命题同样激起了咨询师自身潜在的不安。

在不断向内求的过程中，最终，来访者和咨询师都有了自己的答案。

附录
案例实录与解析
193

自序

自2005年踏入心理咨询行业至今，弹指一挥间，十几年的时间过去了。

从两年前开始，我有了写一本心理故事书的念头。这念头一产生，在潜意识里便不断地发酵，在以往岁月里经历的那些故事，原本沉积在心底，那时都一一再次涌现出来。有些画面在仔细的审视下慢慢褪色；而有些画面，一日更比一日生动清晰，以至于在情绪上堆积到了不可不写的程度。其实想想就知道怎么回事——如果说语言是不确定的，记忆是不确定的，再加上时间的久远、细节的模糊，这些所谓日益清晰的记忆，其实正是咨询师自己被扰动的部分。

通常来讲，来访者接受咨询的时间实在是非常有限，但咨询过程引发的扰动可能会形成长期的连锁反应。

对于咨询师也同样如此。每一次咨询中引发的情绪波动——慌乱无措或者灵光突至，都在修正着咨询师的内在地图，帮助其觉察自身所处的情境。

在和他人的相遇里，看见了自己。从这个意义上来讲，来访者和咨询师其实是在共同成长。

英国科学家、哲学家赫胥黎曾说过：一个人一生中最神圣的行为，就是嘴里和心里都深深觉得：我相信某件事物是真的。

十几年临床工作经验的累积，数千小时的个体、团体咨询经验及我的人生经历，使我对本书的写作有了某种笃定和自信。

人类的精神世界晦涩幽深，它在真正的心理咨询中的成长和转化，可能远远比故事中描述得更加曲折与艰难。

这本定位为心理故事的书，虽然在内容叙述上以故事完整性和可读性为第一要务，并不过于追求专业的精确与严谨，但书中的呈现仍然具有某种真实的碰撞与感动。当然，人类精神世界之晦涩幽深，使之在真正的心理咨询中的成长转化，要远远比故事中描述的更加曲折与艰难。

心理咨询是一种特别的职业，有机会以最真诚的方式碰触他人的心灵。在陪伴来访者的旅程中，真切体会他人的悲欢故事。至于咨询的效果如何，更多由来访者的内在动力决定，也充满各种不确定因素。但几乎可以确定的是，人的成长是从其内在隐蔽的需求甚或伤痛被自己或他人深深地看到，并全然地接纳开始。也许会伴随着不安、脆弱和震荡，之后，我们将收获重新领悟生命后的幸福和欣喜。

书中呈现了9个有关个人成长的故事，内容涉及生命不同阶段可能会遇到的常见困境。如果说人类的集体潜意识是相通的，那么对于读者朋友来讲，这可能是一场自疗之旅，在阅读他人的故事中对自身的困境产生共情、领悟，心境将随着故事主人公的心理转化而变化。

我还希望通过本书表达的是，一个咨询师可能学习过很多心理理论或技术，但在实际的临床工作中，由于每位来访者问题或症状的独特性，实际上并没有能够完全照搬的知识。但似乎也可以在所有的理论里找出有效的共通之处，譬如建立真诚的咨询关系，准确地产生共情、跟随，稳定的支持、适时的促进。

美国作家乔伊·海姆斯在其所著的《武艺中的禅》一书中，对武术与禅的关系做了精辟的分析，总结了几个值得深思的观点：

一是武师遇到的对手，与其说是敌人，不如说是自己的同伴，甚至是自己的延伸，可以帮助他更充分地认识自己。

二是虽然大部分高手都花好几年的时间练了几百种招数，但在决斗时，实际经常使用的招数只有四五种，他一点思考的时间都没有，只是用心去应对。

三是武师的心要经常保持在流动的状态，不可停在固定的招数上，因为对手的招数是不可预测的。心停在任何固定招数上，对武师而言接下来就是输。

仔细体会这些说法，似乎在心理咨询上面也同样适用。

我的恩师是李子勋先生，他是国内后现代心理整合应用技术的创立者，为后现代心理咨询师确定了不拘一格、灵动有效的咨询思想。所有的心理技术训练之上，首先提倡的是，留一只眼睛看自己，对自己保持深度的觉察。

这是一个需要不断自我审视的职业，当然对于自我的审视并非全然是一种压力，更是让我们内心保持开放、积极，并跟得上这个时代的法宝。唯有如此，咨询师才能够以流动未知的心态陪伴来访者。

后现代咨询倡导心理咨询的本质是为来访者提供高质量的陪伴，是为来访者服务，咨询的效果如何更多的是由来访者的内在动力决定。

书中的咨询过程，秉承后现代咨询风格"关系大于治疗，关怀大于技术"，也体现出后现代心理咨询技术的灵活性。心理咨询充满了偶然性与即时性，并没有固定的程序可遵循。

这本书的附录部分，是我在一个工作坊中夫妻治疗的案例实录，借此简单介绍一下后现代思想在咨询中的技术要点。这些后现代心理治疗的独特之处，可能会为从事心理咨询工作的专业人士提供新的工作思路。

如果书中还有些许智慧，都来源于李子勋先生的后现代心理整合思想。

最后，需要说明的是：遵从心理咨询行业的保密原则，本书附录部分选择的案例记录为临床工作中较为普遍的夫妻沟通问题咨询情景，并不涉及当事人的个人信息；书中其他的心理故事也对当事人的信息做了相应修改，同时，书中涉及的人物和情景都经过了严格的虚构处理。这些故事不存在任何暴露当事人身份信息的可能。

致谢

本书能够付梓出版，要感谢马春辉女士一直以来对我的支持，作为本书的第一读者，她给了我很多宝贵的建议。

借由此书，也要特别感谢杨凤池老师和刘丹老师的无私相助。杨老师的豁达开阔，刘老师的温柔细致，都在人格层面给予我示范。

  感谢挚友柴丹对我写作过程的促进，感谢编辑冬雪全然的信任，同时也感谢好友何萍积极的反馈意见。

  感谢所有朋友温暖的支持。

胡素卿
2022 年 5 月于洛阳

01

停不下来的脚步

此刻的咨询室里，坐在我面前的，是一名二十出头的青年男子。身形瘦削，穿戴干净整齐，神情严肃，不苟言笑，举止精明干练，目光灼灼。

"您就是咨询师吧？一周后我要出国进修，正忙着办手续，没有很多空闲时间。我确实有些问题需要解决，想咨询您，但我知道，"他加重了语气，"以我的智商，一次咨询也就够了。对了，我叫威廉，其他的信息估计您不需要也没有兴趣知道，我们可能也只有一面之缘。"真是个简洁干脆的开场！

"开始吧，说你的问题。"我立即进入工作状态。

他大概没有料到，咨询师可以如此快速地进入与他相匹配的对话节奏，略显惊讶地看了我一眼，微微点头，表现出满意的样子。

他拿起随身携带的黑色皮面笔记本，本子上已经密密麻麻地写了好几页："需要事先声明，我不喜欢一切没有效率的工作。为了咨询更有效率，我提前把问题写好了，现在我读给您听，您只需要一一解释就好。"他用眼神示意我要做好专心的准备。

"第一个问题，也是我决定来咨询的主要原因。近来连续几天夜里，我都做了同样一个梦。梦里是漆黑的夜，我似乎可以飞，但只要飞到高空中，便会重重地摔下来。连续几个晚上都是这样，这让我深觉不安。这个梦是什么意思？是预兆吗？是吉是凶？我马上要出国进修，会不会和这件事有关？

"第二个问题，我有一个习惯，任何一件事情，我必须用逻辑推算到万无一失才去执行。反复的思虑非常消耗精神，让我感到疲惫。我上网查过，这种情况应该算是强迫思维。但是如果不这样反复思考，我就觉得不稳妥，担心会出差错。以前状态好的时候，差不多可以应付每天大量的推算，但近几个月来，我的思维很明显没有那么灵活了，记忆力下降，反应变迟钝，常在关键的时候卡壳，甚至还曾出现大脑一片空白的情况。这让我很焦虑。另外，我最近还常感到胸闷，喘不上气，我担心这些症状以后会不断加重。这是困扰我的第二个问题。

"第三个问题,我今年25岁,按说这样的年龄,是该找个女朋友了。但说起这事,我自己也觉得奇怪,我一丁点儿这样的念头都没有。我这么优秀的人,当然有一些女孩子主动来追求,我也曾试着相处,但爱情这事儿不是靠感觉吗,我没有一点感觉,总是不了了之。我内心的真实想法是,谈情说爱挺浪费时间的,不仅仅是谈恋爱这件事,我对很多事情都没有感觉。在别人看来,我很好,但我知道自己只是在表面上按所谓正确的方式完成了正确的事情。我希望这次出国以后,能够像同龄人一样好好谈场恋爱,毕竟从正常人的视角看,我也到了这个阶段。希望您能帮助我分析其中的原因。"

他用飞快的语速一口气说到这里,再迅速浏览了一下笔记本上记录的内容,大概发现没有比这三个问题更迫切的,就合上了他的笔记本。他可能意识到刚才过于投入叙述,导致身体微微向前倾,便立即挺胸抬头重新坐定:

"好了老师,我的问题大致就这么多,不是很复杂。不瞒您说,我之前找了一位咨询师,没觉得有什么帮助。我现在最主要的问题是感觉迟钝,希望您真的能够给我提供一些有用的帮助。想必您已知道我偏爱简洁和逻辑,我也希望您能这样回复我。"

噩梦、黑夜、飞翔、摔落、强迫思维、没有感觉,我快速地把这几个重点词串联起来，深呼吸，放松了下有些僵硬的身体，之后来回应威廉："好的，我尽量跟上你。我可能没有你表达得那么快。"

"没有关系，请切入正题，我们的咨询还有40分钟。"他看了眼腕表，皱了皱眉头。

这种状况对我来说真是少见。往往是我在咨询室内，会打断来访者的长篇赘述和漫无边际。今天，位置换了。

我又深吸了一口气，调整好说话的节奏："你说最近你常常做梦，梦里在飞翔的过程中会重重地摔落下来，梦境中你的情绪、感觉如何？"

"我说过我没什么感受，只是对这样的梦境感到不适，我不喜欢每次都摔落到地面。"

"你能具体说说这个不适的部分吗？或者你希望的梦境是如何展开的？"

"我不愿意再做这样的梦，摔下来的过程让我不安，有时还会从梦里惊醒，久久不能再入睡。这使我在白天的时候精神恍惚。如果在梦里能够一直飞，如果是这样，倒比较符合我的理想状态，我喜欢一直向前冲、向前冲，我认为成功的人生就得不停地拼搏挑战。"

"如果你可以一直飞，你觉得飞到一个什么样的高度比较理想？"

"我也不知道会到达一个什么样的高度。您这个问题很有象征意味，我喜欢。从现实层面讲，我更看重我的事业发展，我觉得得达到盖茨、马云那个程度，才能算成功吧。"

"如果达不到那样的高度，又会怎么样呢？"

他立即反击："您并不了解我，我不可能达不到，这种假设不存在。我在大学的时候就测过自己的智商，我是属于天才级的。"威廉略带挑衅，抬起下巴，捍卫着属于他的骄傲："我有非常宏大的梦想。生活的重要意义就在于实现这个梦想。"

"你曾经和你的朋友们聊过你的这些梦想吗，他们怎么看待？"

"朋友，您是说能和我交谈的朋友吗？如果说我优秀到没朋友，您会认为我自大吗？并不是我看不上别人，真的是人有时候太优秀了，实在没有办法和别人交流，我认为这不是我的错，毕竟，天才是孤独的。"

这下我又暗自吃惊，好奇心也随之升起："除了智商，你能让我再多了解些你的优秀吗？"

他显然对于向我解释这件事情有些不耐烦，再次皱起眉头："我不太愿意在很明显的事情上浪费时间。简单一点介绍吧，我在大学期间同时获得了两个专业学位，这足以证明我的学习能力。另外又创立了一个连锁酒店，酒店经营得相当不错。现在我刚大学毕业两年，已经拥有了不少资产，和同龄人相比，算得上是成功的。刚才我说到有一个非常宏大的理想，"他加重语气，再颇具气势地挥挥手，"我的理想便是把设施最好、服务最好的酒店开到全世界。"

"宏大的愿景！到目前为止，酒店的经营还顺利吧？"

这下看出他有些迟疑："业绩目前还不错，但也不是没有问题，最大的问题在于管理这些员工，对人的管理没有那么简单。虽然我用我的严密逻辑制定了很多工作制度和操作流程细节，但在执行的过程中，员工还是会出错，他们并不能完全做到位。也许我还得制定更详细的规则，要考虑到每一种可能性，让他们有所参照。这也是我准备出国进修的最主要原因，我想去深造企业管理，学习最先进的管理方法。"

说到这里，他停下来又看了眼腕表，咨询时间还有30分钟："我想您跑题了，对于我刚才提出的三个问题，目前为止您还没有给出任何解释。"

现在，我还真是感觉到威廉带给我的压力了。我一向时间观念极强，工作上也从不拖沓，遇到被来访者反复催促的情况还是头一遭。不过，这倒也给了我检视咨询关系的好时机：在咨询室内，咨询师对来访者产生的感觉，也许正是来访者人际关系的再现。借此，我有些理解威廉在人际关系上的问题了，他身边的人也会同样感觉到压力："威廉，让我们放慢点节奏，在能够给出你相对贴切的解释之前，我想有必要先做些了解。"

他微微点头，算是认可："还有什么是您需要了解的？"

"身体上的不舒服，有没有到医院检查？你自己觉得是什么原因引起的？"

"我去了医院检查，检查结果没什么问题，只是有些亚健康。既然我的身体没问题，那一定是这里出了问题，"他指了指自己的脑袋，"我想得太多，想要实现的太多，所以这里承受不了，生病了。"

"你觉得是因为自己想法太多，而生病这件事情会让自己慢下来？"

"我必须慢下来，但我又停不下来，我把自己安排得太紧，所以失去了感觉。您知道吗，我觉得我没有感情，我只是机械地在做自己该做的事情。"他的眼神空洞茫然，一开始外表显现出的强硬不见了，现在像是个六神无主的孩子。

"让我们慢慢来，想想看，你是从什么时候开始认定人生必须要一直飞的呢？如果放慢速度，又会有什么后果？"

"这个，我无法确定准确的开始时间，我只知道，做个优秀的成功的人，是我的本能和信念。"

"能和我谈谈你的成长过程吗？谈谈你的父母。"

"我明白您的意思，我知道咨询师都需要去了解来访者的成长过程。但我认为我的家庭没给我什么负面影响，我在父母眼里已经足够优秀，甚至超过了他们的期望。他们没有给我任何压力。我非常爱我的妈妈，她好强、有能力，要求很严格，从小到大，家里的经济开销基本上都是靠她，妈妈为家里付出了很多，很辛苦。我甚至想过理想中的女朋友就要像妈妈那样，聪明有能力，和我智慧相当。"

"再说一说你的爸爸？"

威廉不禁摇头，语气变得刻薄轻蔑："我爸爸，他可以在家庭中忽略不计。他和我的妈妈正好相反，我很庆幸我像我妈妈不像他。我用三个词便足以描述他：软弱，无能，自私。他从来没有尽到一个父亲的责任，妈妈和我从来都没有得到爸爸的照顾。"

"这个评价是你自己的还是妈妈的？"

"从小到大妈妈常这么说，我也这么觉得，事实就是这样，毋庸置疑。"

"如果这是妈妈对爸爸的评价，作为儿子，对爸爸的评价会不一样吗？"

"差不多，可能和妈妈的看法有一点点不同，作为儿子来讲,大概爸爸更容易接近,毕竟他在家里的地位低,我不害怕他。比如说,妈妈总是对我严格要求,爸爸对我就会更宽松,在爸爸面前我更随意放松。"

"妈妈总是要求特别高吗?有没有例外的时候?"

"我记得小时候,有一次考砸了,我特别害怕妈妈批评我,她的要求总是那么高,她也是为我好,我懂。我胆战心惊地等着一场狂风骤雨,但那一天,真是个奇迹,妈妈居然温和地安慰了我,说没有关系。我在偶尔出错的时候,竟然得到了她的鼓励,我觉得不可思议,也特别感动。可是这样的时候太少了,这是记忆中唯一一次。"说到这儿,他的语速慢了下来。

看到威廉的情绪流露,我决定继续推进:"还有其他曾经感动过你的事情吗?不管是书、电影还是其他,什么都行。"

"这个不需要想,最让我感动的是奥巴马的就职演说。我几乎能把他那次演讲的内容背下来。"

"最喜欢的是哪几句?"

他竟然倏地一下子站起身来:"我背给您听,您听得懂英语吧?

In reaffirming the greatness of our nation, we understand that greatness is never a given. It must be earned. Our journey has never been one of shortcuts or settling for less. It has not been the path for the faint-hearted-for those who prefer leisure over work, or seek only the pleasures of riches and fame. Rather, it has been the risk-takers, the doers, the makers of things-some celebrated but more often men and women obscure in their labor, who have carried us up the long, rugged path towards prosperity and freedom. [在重申我们国家伟大之处的同时,我们深知伟大从来不是上天赐予的,伟大需要努力赢得。(我们的民族一路走来,)这旅途之中从未有过捷径或者妥协,这旅途也不适合胆怯之人,或者爱安逸胜过爱工作之人,或者单单追求名利之人。这条路是勇于承担风险者之路,是实干家、创造者之路。这其中有一些人名留青史,但是更多的人在默默无闻地工作着。正是这些人带领我们走过了漫长崎岖的旅途,带领我们走向富强和自由。]"

他的朗读抑扬顿挫,发音地道。尽管有些英文单词我也没听明白,但竟已被威廉的激情打动,也大致理解了他为何如此迫切地渴望被人认同。

他的情绪如此激动,重新坐下几分钟后,才慢慢平复。

"为什么这几句让你这么感动?"

"奥巴马是我的榜样,小人物也可以实现梦想。"

"小人物?一方面你深信自己的天才特质并确定自己已有所成,另一方面你认定自己仍然是个小人物?"

他的眼泪终于夺眶而出："我的头脑中总是有一个声音在督促自己——再努力多做点才会更好。我没有办法停下来，也不能停下来，否则我就是一无所是的小人物，所以我生病了。"

"我想你的眼泪已经让你体会到，你的感觉并没有失去，只是需要你暂停飞翔，放慢节奏，把感觉找回来。现在的你，在我看来比刚来的时候真实多了，我们之间的关系也似乎更近了，你觉得呢？"

他缓缓地点头。

沉默了几秒钟后，他抬起头："我出国前，可以再和您约一次吗？"

"当然可以。"

三天后，他如约而至。

上次咨询结束时威廉带给我的感动犹在，我原以为这次咨询我和他之间会少一些阻抗，会比较顺利地让他敞开心扉。但事实并非如此。从他再次走进咨询室时冷淡疏离的神情中，便可感知到咨询关系还需重新建立。我暗自提醒自己，记得咨询要保持中立，不仅仅是咨询师对来访者态度的中立，更是对来访者变化的中立——来访者可以展现出真实情感，当然也可以用他更习惯的方式应对。想到此处，我已准备好以未知、跟随的态度来工作，至于重建我和威廉之间真实的关系，我深具信心：曾经有过的，还会再来。

威廉正襟危坐，像上次一样，展现出强硬的气势来，他清了清嗓子，说道："我上次回去想了想我们的谈话，好像没有什么帮助。"他说完看了看我的反应，我表现得平静如常，等着他继续说下去。

他接着补充道："但也不是一点用处都没有。"

"听起来还不错，哪些地方有变化了？"

"上次谈话之后，这两天倒不怎么做梦了，这是个好的变化。但我还是不太清楚具体的做法，头脑中有一部分好像更乱了。还有，我已经知道了症状产生的原因，但更想知道症状什么时候能消失。我希望自己恢复以前的灵光，目前这种状态严重影响了我的工作效率，希望您能够给我更明确的建议。我意识到我的家庭还是存在一些问题，但还没有理清它带给我的影响。就这些，我说完了。"

"威廉，你得过感冒吗？"我问了一个似乎和他的症状毫不相关的问题。

"感冒，当然了，这谁都得过。"

"一般在什么样的情况下会感冒？"

"疲惫、劳累，天气突然变化，免疫力下降的时候吧。"

"什么时候你的感冒会痊愈？"

"那肯定得治疗呀，吃药或者打针，等待免疫力提高吧。"

"在所有能使身体恢复健康的因素中，你认为最主要的因素是什么？"

"药物的作用？不，应该是免疫力的作用，是我自己免疫力的恢复。"

"你认为在你的免疫力恢复之前，疾病的存在有意义吗？"

"疾病的存在有意义吗？有吧，可能是让我意识到身体的状态出了问题，要照顾好自己，是这个意思吧。"

"如果说心理上的疾病也是同样的道理，那么你认为你什么时候能好？"

他认真地思考了一会儿："这个角度听起来倒是挺新颖。我之所以生病，是因为想法太多，把自己逼得太紧，这个症状在提醒我要学会放松，是这个意思吧，这就意味着在我学会放松之前，症状没有办法消失？"

"或许也意味着，当症状消失，你也就学会了放松。你知道走钢丝的人吗？"

"我明白您想说什么，走钢丝的人要想向前，身体的重心得一左一右不断交换，这样才能保持平衡。我明白，您的意思是说放松和紧张是自我平衡的两面？当然还有，感情和理性是自我发展的两面？"

聪明！超强的领悟力！我不禁暗自感叹，和威廉的交谈还真有智力碰撞的乐趣："脆弱和强硬也是人性的两面。"

他的神情慢慢地柔和下来，不再拒人于千里之外："我想和您再讲讲我现在工作上的压力。我上次跟您谈过，我有一个酒店，有将近100号员工。开业两年来，经营得还算可以。但是前不久附近一个新的酒店开业，成为我的竞争对手，我一下觉得压力很大，一旦放松管理，就很可能会被市场淘汰。经过仔细调研分析，我认为酒店的硬件设施没有办法在短期内提升太多，但软件设施方面我们是有提升的余地的。

"我发现一个很重要的问题，我的员工流失率特别高，这肯定会对酒店的服务造成影响。我曾经找过要离职的员工谈心，好多人并不肯说，或说不明白原因。我不知道他们究竟为什么要离开。在钱财上我一贯慷慨，相比同行，我给出的待遇足够高。

"上个月，一个我特别倚重的高层管理者又离职了，这给我带来了很大的冲击。我几次找他谈话想要挽留，他还是执意要走。我和他算是共同创业的伙伴，我对他自认为有兄弟之情。没有想到连他也抛弃了我，他说临走之前决定实话实说，他评价我冷漠无情，他从来没有感觉到被尊重过，还说好多员工都认为这里的工作氛围紧张、有压迫感。他的话让我意识到我应该正视和人相处这个问题了。

"我意识到在管理中人的感受、交流是我事业发展的阻碍,但可能没有办法克服,于是症状就开始加重了。我想知道怎样做才能让别人的感受好一些?"

"对别人苛刻也意味着对自己更苛刻。"

"我同意您说的话。我也从来没有对自己满意过。上次和您说过,我没有什么朋友是因为自己太过优秀。我想那并不是我的真实想法,我其实……是害怕与人交往,我害怕别人看到我没有感情、没有温度,我只是——像一台不能停止的机器。我只是在做着别人看起来都认同的事情,但夜深人静时,我会问自己,我为什么而努力,甚至我为什么而活?我找不到答案。"他的眼泪大滴大滴地落下来。

"我不相信一个没有感受的机器,会有这样的痛苦和眼泪。"我为他递上纸巾。

"我知道自己为什么不能停下来,"他平复了一下情绪,"我想继续和您谈谈我的父母。在我眼里父母的关系一直那么糟糕,我都奇怪他们怎么能勉强到现在?"

"我上次和您说过,父亲在家里的位置可以忽略不计。用妈妈的话讲,他是一个废物。"他低下了头,满脸通红,"我不想成为家中第二个废物,所以从小到大,我都是'别人家的孩子',没有人催促我,我把所有的时间都自觉用在学习和工作中,我所有的感受、情绪都在为走向成功让路。现在,我看上去一切都不错,用妈妈的话讲:幸亏你不像你爸爸那个废物。

"但只有我自己知道,我付出的代价是什么,我没有童年,没有玩伴,没有多余的爱好。我甚至想不到有一件事情、有一个时刻,我是真正开心的。有时候我会想如果将来我有一个儿子,我宁愿他是个平庸的人。

"您上次问我,作为儿子对父亲的评价。这一周,这句话不时地翻涌上来。我忽然有一种感觉,我欠父亲很多。"他一时哽咽,说不出话来。

"我并不是在抱怨母亲,我理解作为一个小人物承受的生活压力,想必您也能理解。重重压力都在母亲身上,我理解母亲的刻薄,只是我过于认同母亲,父亲其实承受了两份轻视。仔细想想,父亲并无大错,他只是一个平庸的男人而已,不该受到这样的待遇。我这样说,是不是在背叛母亲?我是靠母亲的鞭策才走到今天,否则,我可能像父亲一样。"

"你的表达并不妨碍你对母亲的尊重。"

"可我还是有些内疚。"

"这是成长的代价。"

他长长地舒了口气:"我把这些说出来,希望从此以后我可以放下了。"

"即便不会完全放下，他们对你的影响力也会减少。如今，只有你自己可以定义自己，你有权利选择让自己平衡的生活方式。"

他若有所思："我希望自己更接近理想的自我。当我在工作上遇到困难，联想到可能的失败，我就宁愿让自己生病，也不愿在别人眼里是个废物。我选择出国学习，是想要有一个新的开始，这也是一种逃避，对酒店管理现状的逃避，对人际关系的逃避，本质上像父亲一样的逃避。"

我仔细打量他——标准的青年才俊！"我实在看不出，你有什么理由对自己如此不满意？"

他第一次在咨询室里露出笑容，青年那样明朗的笑容："您知道吗，和您谈话，居然是我感到最放松的时候。"

"我想，你可以体会到其中原因吧。"

他略经思索便得出结论："咨询的时间，是我少有的不担心将来的时间。我们只聚焦在当下，我可以慢下来。我的感受被关注、被放大，把理性、对错、评判暂时放在旁边，这样我就可以放松下来。我有些明白，也许我可以用这样的态度来对待别人。"

"现在，我觉得大部分问题都有了答案，我感觉心底某个固着的地方有了松动的迹象。不过我还有一个小小的担心，如果我出国进修，不在家中，父母的关系会怎样？您认为他们需要来咨询吗？"

"没有了你这个观众，你觉得他们会变得更糟吗？"

"不一定，对吗？"他笑了起来，很灿烂。

"你也不完全确定父母之间的感情，即便在你看来他们存在很多矛盾。"

"我赞同您说的，我不确定他们之间的关系，就像是他们不能确定我一样。"

时间到了，他起身准备离开："我想再问您一个问题，可以吗？"他看着我，坦率而又带点调皮地说："关于您的一个问题，您也可以不回答。"

"关于我的？我有点好奇会是什么？"

"今天刚来的时候，我对您说，上次的咨询似乎没有什么作用，我看您不动声色，您真的一点儿都不介意别人的评价吗？"

"好问题！谁都有可能在意别人的评价，但我不会为此责备自己。"

"我得到答案了。"

我们几乎同时笑了起来，然后握手道别。

和威廉的咨询暂时告一段落，在下一个来访者到来之前，我走到办公桌前，拿起了我的记事本。随着工作经验的增多、咨询能力的提升，工作量也在逐年增加，我注意到记事本上未来几周的工作安排已经满满当当。再把感觉重心放回到自身，也看到一直在努力前行的自己，在生活的惯性中已很少有停歇的时候，也看到这样的自己似乎日渐粗糙的心。

觉察永远不会太迟。在往后几周的一个时间节点，我拿起笔做好标记，准备给自己留下一段调休的时间，同时觉察到自己的第一反应居然又是：这个时间要安排些什么？不禁哑然。

谢谢你，威廉。你让我看到自己也需要停下来，有时候，生活需得慢下来，等一等自己，和心灵聊聊天。

一周后的某个清晨，我接到威廉的短信："您好，我现在在大洋彼岸。我坐在来时飞机上的时候，忽然有一种感觉，万米之上皆晴空，是的，我还是会选择向前飞，但是感觉好像又多了点什么，也许我也可以接受平凡的人生了——这确实更需要勇气。"

02

在童年暴力的阴影下

今天的来访者美莲是一位即将大学毕业的新闻系女生,她准时出现在工作室里。修长健美的身形,黑色中性的服饰装扮,衣着虽普通但极具个性。

初次会谈时,我们在工作室的候客厅简单打过招呼后,她随我走入咨询室,转身关上了咨询室的门。接下来的举动让我感到有些意外。美莲在对门锁一阵研究之后,并没有征求我的意见,直接把门反锁并上了保险。这便意味着现在咨询室的门只能从里面打开。

实际上,这里和工作室中另一个咨询室距离相隔较远,没有隐私泄露的可能。通常,我会视来访者的具体情况,也会征求来访者的意愿,来决定是否需要关上咨询室的门,却从未上过保险。

现在咨询室里只有我和美莲。

她在我的面前从容入座,平静地喝了一口我为她准备的茶水。我暗自思忖,她反锁门这个小小的举动,也许恰恰反映了一个人内心的不安。通常来说,越是没有安全感的人,越是把自己包裹得很严,不安的内心有时需要依赖更安全的外在环境的支撑。

这时她语气冷静、面无表情的第一句问话,一下子把我的思绪拉回来:"老师,您如何看待来访者对咨询师人身攻击这件事情?"

一个陌生的来访者,在一个相对私密的空间里,提出了这样一个问题,空气中立即弥漫了一种异常紧迫的氛围。

执业这么多年,我得承认,这是我第一次遇到来访者直接问这样的问题。为什么来访者会首先关注到人身攻击?这一瞬间,和她预约咨询之前短信沟通得知的个人信息在我心头一一闪过:她有数年跆拳道受训背景,是黑带高手,普通人不会是她的对手。她的童年曾遭受精神上及身体上严重的暴力攻击,压抑了很多愤怒的情绪。她自己是否也存有暴力倾向?再想到她只预约了这一次咨询,说要和咨询师交谈以后看是否合拍,再决定要不要继续深入。现在,她的这个问题是来访者对咨询师定力的一个试探，还是仅仅在某种契机下产生的疑问？抑或是深思熟虑的结果？

心理咨询师和所有其他职业一样，也存在一定的职业风险，体现在身体和心理两个方面：一方面，心理上的攻击或者正负移情常常会发生，一个成熟的咨询师都是百炼成钢；而另一方面，业内偶尔会传出来访者对心理咨询师人身攻击的事件。工作的时间越久，咨询师对这方面的信息就越敏感，在和来访者接触的极短时间内需要得出一个大致的判断和对策。

此刻，面对她的提问，我知道标准答案永远是询问对方：是什么原因使你现在会关注这个问题？目的是把重点引到来访者身上。但今天面对这个女生，我的直觉告诉我，这样的回应很可能会错过一个和她直接呼应的时机，甚至我的回避转移会让她产生更多不可预测的情绪。

作为一个后现代主义心理咨询师，我还是相信真诚的分享是建立咨询关系最有效的方法。我决定冒点险，把语气放平："来访者对咨询师进行人身攻击，可能是来访者和咨询师双方的原因，比如说来访者无法自控或者本身有暴力倾向，所以通常咨询师在接受一个新的来访者之前，适当的评估是必要的；又或者是咨询师的某种回应或工作氛围激发了来访者的愤怒。很少是来访者有预谋的攻击，更多的是即时发生。当然，总体而言，一个内心接纳程度高、风格更温暖的咨询师，比较不容易激发来访者的攻击性。"

她略微思考了一下，身体放松了一些。我立即感觉到刚才的紧张氛围似乎发生了微妙的变化，不禁松了口气。看她的这个反应，算是认可了我的回应。这个回应，并没有把她放在一个所谓病人的位置上，更像是老师认真回答学生的问题。同时，她的一系列行为反应，也给我传递了更多的信息：她格外敏感，需要得到肯定与尊重；又特别理性，在她面前不要用任何方式来回避和敷衍，她有足够的智慧分辨其中的差别。现在，我真正对她产生了好奇：一个人要有什么样的经历，才会如此敏感，又如此理性？想到刚才问题带给我的挑战，我倒是对她接下来要说的事情更感兴趣了。

她开门见山："我告诉你我的情况，一个星期之前，我刚刚和上一个咨询师结束了咨询关系，是我主动提出结束咨询的。他为我咨询了两年，虽然他并不认为我们到了适合结束咨询的时候。我承认这两年他给了我很多，我也收获了很多。但是，有两个原因足以让我决定和他结束掉咨询关系：其一，我觉得他的能力有限，两年前他是可以给我帮助，但现在，他已经跟不上我进步的速度。一个很明显的证据就是，结束我们之间的咨询关系，他看上去比我更难接受。他失落的态度让我更加决心要结束咨询关系。"

美莲停下来，短暂地陷入思考："当然，我还是要感谢他，他确实在我非常痛苦的时期接纳了我。另外还有一个很重要的原因，也许两年的时间在他看来，我的成长还不够，或者还不如他期望得那么好。这也是我决定要跟他结束咨询关系的原因。其实我已经尽力了，谁不想变得更好？如果我还没有变得更好，那是因为还不具备这样的能力。一个咨询师要求我更快地成长，就会被我解读成他对我不满。我想没有人会去接受一个对自己不满的咨询师的指导。"

她的这段话再一次让我震撼。后现代心理咨询的原则之一就是，不要催促来访者做出改变。这是我第一次听到来访者清清楚楚地当面表达，咨询师的过度期待也可以成为来访者逃避咨询的一个理由。

心理咨询行业总有一些约定俗成的做法：鼓励来访者做出认知上的改变和行为上的调整；来访者主动把咨询师放在权威的位置上，相信咨询师更清楚来访者的需求或正确的方向。但还有一个更为重要的原则是：心理咨询的工作重心其实是一种服务和陪伴。后现代心理咨询理念倡导咨询师对来访者要"无待"。美莲给我上了一课，用她的亲身体验告诉我：咨询师不要用力过猛。

现在，我已被她敏锐的感觉和理性的思辨吸引住了。

美莲继续往下谈："在和您的咨询正式开始之前，我想先表明我的态度。首先这是我想要的咨询，我付了您不少的费用，所以请允许我按自己的节奏来。还需要提醒您的是，我在高中和大学先后找过两位咨询师咨询，我很感谢他们曾经给予我的帮助。我其实也用自己的方式回报了他们。我和他们最后都建立了一种双重关系，课外时间，我兼职为他们工作。我知道他们的初衷是好的。他们希望兼职工作的收入可以抵消我的一部分咨询费用。虽然学校的咨询费用并不是很高，但对我来说毕竟是一种经济压力。很显然，也因为这种双重关系，我认为他们在对待我的某些事情上失去了中立的原则。他们根本做不到一边像对待员工一样提出要求，一边又像对待来访者那样客观、接纳。比如其中一位咨询师，专业上还是很厉害的，但在工作中和他接触的时间一长，我发现了他的一些弱点，和他在咨询中的表现完全不同。也就是说，看到一个咨询师表里不一时，你很难相信他在咨询中展示的专业。所以我希望在我们的咨询中，不要发展出双重关系。"

今天的来访者真是特别！究竟发生了什么，使曾经的咨询关系都落入了双重关系？她如此描述自己的咨询经历，对我却有隐含的诱惑！工作多年，我深知咨询师内在人格稳定的重要性，但当下那一刻，我意识到自己的思绪确实有点飘散，便立即稳定心神："没有双重关系，也不会有催促。"对自己的专业态度，我颇具信心。

"但如果您对我只是公事公办，根本不愿建立更亲密、更私人的关系，是不是也意味着您根本不会在意我这个人本身？"她迅速犀利地反问。

这又是一个什么样的问题？敏感而又矛盾，她到底经历过什么？我的内心虽有些波澜，倒也真正欣赏她的直接和敏锐！

我直视她的眼睛，尽量温和地回应她："你并不想陷入过多的关系中，在现阶段你更喜欢的是一种纯粹的咨询关系，对吗？"

"我承认您说得对，"她顿了一下，"在纯粹的咨询关系中，我会觉得更安全。"

"咨询时间以外，我们不会有双重关系。同时我也承诺，在每次咨询的时间段内，会真正地和你在一起。"

"您真诚，也够冷静。我现在确定您是一个可以陪我走过下一个阶段的咨询师。"她的嘴角露出一丝笑意，"我挑战过别的咨询师，几句话下来，对方便乱了阵脚。"

听到此话，我有些吃惊，顿感压力重重。

"还有，我承担不了太多的费用，所以，下次我会把自己现在面临的问题打印出来,希望可以尽快解决。"

时间到了,美莲起身主动走向我,用一种略带夸张的语气说:"可以拥抱您一下吗?"和同性来访者拥抱告别,其实对我来讲是一件很自然的事情,大多数时候是在表达一种支持和认同。但是今天的情况似乎有所不同,在和她的这个拥抱里,我隐隐感觉到了一种讨好和控制。

看来,我和她之间的信任关系还是要慢慢建立,这将是一个富有挑战性的咨询过程。

走出咨询室前,她回过头来:"您这里有可以击打的物品吗?请准备好,下次,我很可能需要发泄一下。"她越是这样平静地提出要求,我便越是感觉到寒意。不等我有所反应,她便匆匆离开。她低着头,脸庞被长发遮挡住,脚步慌张。那一刻,我感到一股强烈的悲伤袭来。

下次咨询,她准时到来,走进咨询室里,和上次一样,她关门并上了保险。

咨询室里已经放好了我为她准备的供击打物——一只灰色玩具熊。我提醒她:"今天你可以任意对待它。"

看到我为她做的准备工作,可能是出于感动、意外或者别的什么原因,原本她来时带着的那种尖锐的气场有所收敛。我想最起码在那个当下,她体会到了我对她的一份重视和尊重。

当然这些安排解决不了她的根本问题,但足以使她的感觉好一些。她的神情有了一点变化,趋向平和——我猜想,今天她也许用不着攻击这只玩具熊。

她拿出一张打印好的问题清单递给我,解释道:"这上面有几个问题,分别是和父母的关系问题、交友情感问题、人际关系问题和拖延的问题。我想咨询这几个问题。如果在咨询过程中,我谈到别的问题,请您把我拉回来,重要的是要解决这几个问题。"

在仔细审视完清单上的内容后,我便切入正题:"今天想谈哪个问题?"

"我想了想,虽然是四个问题,但最核心的还是和父母的关系问题,我最需要解决的是父亲对我的暴力,至今我仍然活在暴力阴影下。但我今天还没有做好足够的心理准备。我想首先和您谈谈我的成长环境,这样您才更能理解我。现在这一刻,我很感谢以前的两位咨询师,因为他们,我成长了很多,也才能够谈我的家庭,以前我是不敢谈的。"

她下意识地把手放在心口,似乎在给自己力量继续说下去:"一说到我的家庭,我的头绪就开始乱起来。我不清楚我的家到底是哪个?在哪里?谁会把我看成是自己家庭中的一员?"

"你的父母不在一起生活?"

"是的，他们是在我上初中的时候分开的。他们在分开之前的那几年，常常背着我打架，爸爸常常殴打妈妈。虽然一般情况下，他们都会背着我，但有一次，我目睹了一场激烈的家庭暴力。起因是爸爸又回家拿钱，妈妈不给。我当时不到十岁吧。刚开始看到爸爸对妈妈动手，我只是呆站在一旁，因为恐惧惊吓号啕大哭。稍稍缓过来后，我担心我的阻拦会刺激到爸爸，使他更疯狂，当时除了哭我什么都不能做。但最后妈妈被打得不能动，我顾不了了，哭着扑向妈妈，竭力对爸爸喊：你要再打，我就没有你这个爸爸。爸爸居然——停手了。"

她略停了一下，瞟了一眼玩具熊，又收回了眼神。

"这个表现在我看来，是爸爸爱我的一个有力证明。他在这种情况下，还能顾及我的感受，他一定是爱我的。我这个想法是不是有些可笑？当然，也许他当时只是打累了。"

我一时说不出话来，只觉心头酸涩，可怜的小女孩！

美莲接着说："奇怪的是，许多年之后，我和妈妈谈起此事，妈妈却不记得有这样的事情发生。当然我也没有再向爸爸去论证真假。我不知道这是什么原因。也许是妈妈当时已经昏过去了，并不知道后来发生的事情；也许只是来自我的想象？或者是因为我自责，觉得从来都没有保护好妈妈？但不管事实是什么，这件事情之后，我知道妈妈承受了什么，怂恿妈妈离婚，妈妈因而变得更加沉默和忧郁。现在回想起来，我过多地卷入了他们的关系，我其实并不了解他们之间的感情。再后来听人说，最开始的时候，是妈妈追求的爸爸，费了很多周折才如愿嫁给爸爸。反正感情的事情谁也说不清楚，但他们还是离婚了。我庆幸他们终于分开了。对我来说，一份危险解除了。"她停了下来。

"另一种生活开始了。"

"是的，另一种痛苦也开始了。首先是妈妈的情绪问题。他们离婚之后，我跟着妈妈生活，妈妈的性情发生了很大的变化。其中一个原因是，她要工作来养活我。工作本身很辛苦，而十来岁的我正值青春期，和她之间的冲突自然增多。每当我让她不顺心或是惹恼了她，她都会毫不掩饰对我的憎恶，常常歇斯底里：你为什么还在这儿？我不想再看到你，你和他一模一样！'去找你爸爸'几乎成了她的口头禅。另一个原因是，妈妈偶尔会埋怨我，'要不是你撺掇我们离婚，说不定我们现在还能过'，这股怨气在爸爸再婚的时候达到了顶峰。她对我言语上的暴力很自然地升级到了身体上的暴力，爸爸曾经施予她的，她都还给了我。频繁的暴力，疼痛，全身都是疼痛。"她双手抱肩，身体慢慢蜷缩起来，回忆再次使她回到过去，声音控制不住地颤抖。

我走到她身旁，轻轻地拍了拍她的肩膀："听起来让人很难过。"

"打我的程度也不断升级。她打我的时候一般我都站着不动，也不会求饶，整个人都是木的。但有一天我实在忍不住了。那个疯狂抽打我的人真的爱我吗？我终于爆发了。当她再次劈头盖脸打下来时，我还手了！是的，我还手了，我打了我的妈妈，狠狠地打了她。"她看看自己张开的双手，"是不是因为他们养育了我，我就只有挨打、挨骂的份？"

"还手的结果就是，我被送到了寄宿学校，一个月回家一次。把我送到学校之后，妈妈也有了反思的空间，也许认为对我打骂过多，也许意识到我们俩的实力已经不相上下，她不能确定我会不会做出更过分的行为。反正不管是什么原因，妈妈对我的暴力结束了。"她深深地叹了口气。

"但是……在学校里，我开始疯狂地想念家，想念爸爸妈妈。我知道只有学习成绩好，他们才会尽早把我接回去。我真的很有学习天赋，成绩很快就提高了，总是年级的前三名。爸爸对我的优秀感到很意外，开始以我为傲，对我有了笑脸。他觉得我很可能会成为他们家第一个上大学的人。每个月从学校回家的那一天，多数时间我会回到爸爸家里。

"只是这样的好日子没有多久，爸爸再婚后很快就又有了一个孩子，他们的家里没有了我的房间，客厅的沙发是我的床铺，连我自己都觉得碍眼，爸爸也漠不关心。继母说，我一个月只回来一天，不必为我留着房间。失眠就是从那时候开始的。

"而妈妈在没有我添乱的日子里，也有了新的归宿，每次见我都客客气气的，和我的继父对我的态度一样。在那种状态下，我无法专心学习，害怕他们彻底把我忘了。然后我就生病了。"痛苦的回忆几乎让她说不下去，她无意识地反复揉搓着衣角。

"美莲，放松些，慢慢讲。"

"我生了很严重的病，现在都有点记不清楚我当初得的是什么病，症状就是不明原因的发烧。我妈只能把我接回家。我在两家轮流待了几个星期后，身体有所好转，就回到了学校。可想而知，在随后的考试中我考砸了，好成绩——我唯一的保护屏——被我自己打碎了，这才是我真正的噩梦根源。"

她抬头看了看室内的钟表："今天时间不够了，我下次会和您详细说这件事情，是和我爸爸之间的。需要您帮我处理，至今我都不敢碰触。"

"高中以后，我的情绪极不稳定。学校的心理室有一位老师，他是我的第一位心理咨询师。我每周都去他那里咨询，现在回想起来，他并不是非常专业，但对我的帮助很大。我想是因为他是那时唯一对我温柔的人。我信任他，愿意听从他的一些建议。后来我考上大学，远离了父母的家。我进入大学后，第一件积极做的事情就是练习跆拳道，三年时间不到，我便晋级黑带，同学从不敢轻易惹我。

"再回到我父亲的态度上，虽然我上的不是什么重点学校，但也算是家里第一个考上大学的人。爸爸对我的态度有所转变，上大学的费用大部分是爸爸给的。当然，相比我的同学，我的花费并不多，经济上也不宽裕，尤其是每次需要交学费的时候，我都有些提心吊胆——向爸爸乞讨的滋味并不好受。妈妈在前两年又有了一个孩子，现在我有了一个弟弟和一个妹妹，一个是爸爸的，一个是妈妈的。妈妈近几年没有工作也没有收入，专职在家里带孩子。我的继父倒是问过我是否需要生活费，但我不愿意再拿他的钱。也许潜意识里，我不愿再欠任何人的，也不再接受任何人对我的控制。"

她接过我递来的水杯，喝了一口："自从接触心理学之后，我觉得自己成长了不少，很多事情也能够想明白，但我一直有一个困惑，心理学认为核心的问题是和父母的关系，要和父母和解。我不知道如何才能够和父母和解，怎么样才能接纳自己的父母？"

"现在你对父母的感受是？"

"我觉得我是分裂的，妈妈始终附属于男性，从前是我爸爸，现在是我继父。我既轻视妈妈，又渴望得到她的关注。我的情感常常被她忽视。但又不可否认，相较而言，是她对我的照顾更多些。想到暑假要回家，我的第一反应还是回妈妈家。不过，我已经好几个假期没有回去了，都在打工挣些零用钱。

"我对父亲既憎恨又愤怒，还有一些恐惧，但我又必须依靠他，我的学费主要靠他提供。我努力对他们生出一丝温情，甚至有时是靠自己的幻想，但是每分钟他们都会用事实把温情这个面具给撕掉。总而言之，如果我表现不好，就会遭到辱骂；如果我极力向上，让自己看起来还不错，便会成为他们利用、依赖和剥削的对象。我用这样的词来形容他们，您会不会觉得我特别冷酷？"

"你是当事人，当然有权利为自己的感受负责，我尊重你的权利。"

"他们给我带来的影响，不止于此，更让我怀疑我是否还能够成为我自己。我自己再努力，父母这个样子，是不是意味着我也有缺憾？我不知道如何去接纳这样的父母。"

"接纳不接纳的感觉也是一种接纳，这是许多年前我的老师告诉我的。"

"原来接纳意味着可以不接纳,这句话真的帮助到了我。"

时间差不多了,她站起身来:"我没有想到今天能够在您面前把这些感受都说出来,我想是您眼中闪过的泪光鼓励了我,谢谢!"这次她没有要求和我拥抱,而是向我鞠了一躬。她又回头看了一眼那只玩具熊说:"留着它,下次,也许用得上。"

美莲下次来的时候,直接坐了下来,似乎忘记了要关门上锁。

我询问她:"需要把门上保险吗?"

她迟疑了一下:"还是上吧。"这样的做法如果可以增强她的安全感,我当然愿意。我仔细地上了锁。

"上次,我跟您说过,那次病好之后我考试考砸了,那是我噩梦的根源。昨天晚上我还从梦中惊醒。梦里,一只狰狞的怪物冷笑着要扑向我、撕碎我,我哭喊着醒来,一身冷汗。我知道这只怪物就是爸爸。"她抬头看着我,双手微微颤抖。

"我决定就在今天面对这份感受,我希望咨询能用角色扮演的方式让我回到当初的情境里,我想要彻底面对,这个场景已经折磨了我太久。"

在美莲强烈情绪的冲击下,我觉察自己的内在,平稳坚定,做好了和她在一起的准备,便对她说:"好的美莲,我会和你一起面对,告诉我当时发生了什么?在什么地方发生的?"

"是在爸爸接我回家的车里。我的考试成绩让他感觉羞耻,他疯狂地辱骂我,用最让我难堪的字眼!我无法相信这是一个父亲对女儿说的话,我已经记不得当时他有没有对我动手,是否动手已经不重要,那些肮脏的诅咒像毒蛇一样钻进了我的心里,至今都觉得自己烂成一团。"她的眼泪大滴大滴地流下,神情苍凉绝望。很难想象,这是一个花季少女的内心想法,这原本是天真活泼的年纪。

一份巨大而强烈的悲痛传递给了我,自觉心头沉甸甸的。我深深地呼了口气,让自己放松:"我们来角色扮演,现在把这几个座椅按当时的位置摆出来吧。"

她把代表父亲的椅子放在最前面,把另一把椅子放在距离约一米的后面:"大致就是这样了。"

"还有其他人在场吗?"

"还有我的弟弟,不过当时他很小,还不懂事,可以忽略不计。"

"把他的位置也摆出来吧。"

她搬来另一把椅子,想了想,放在了稍远一点的位置。

"现在,把这里的布置当成车内的情景,感觉一下,是否还需要调整?"

她把代表弟弟的那把椅子又拉得远了些："好了，就这样，不需要再调整。"

"美莲，你知道这个过程并不是催眠，不必担心被我控制。只需要呈现自己真实的情感就好。现在可以回到你的位置上。"

她缓慢地坐在自己的椅子上，看着前面代表父亲的那把椅子，泪水再次涌了出来，情绪一发不可收。我靠近她，轻拍她的肩膀，她紧紧地抱住我。除了我的孩子，第一次我的衣裳被来访者的泪水浸湿。在心底，我感谢她对我的信任，那个当下我几乎感到自己能够完全体会她的伤痛。这样的过程持续了几分钟后，她慢慢地抑制住了哭泣。

"现在，可以对自己的父亲说点什么吗？"

"我不知道该怎么说。"

"那就我先说，如果你觉得不合心意，就修正这句话；如果觉得合适，就跟着我说出来。"

"好的。"她同意了。

"我仍然得称呼你为爸爸，尽管我内心非常矛盾和痛苦。

"你曾经那么深地伤害了我，那份痛苦遗留至今。

"我甚至无法相信这是一个父亲做出来的事情，但事实上它就这样发生了。

"我至今都不明白为什么你要这样对待我。"

她复述了这些话。

"现在,坐在爸爸的位置上,用爸爸的感觉和姿势坐着。"她没有犹豫,立即起身,坐在爸爸的位置上并模仿他的姿态。也许她很早就想找到一个答案。

"现在,尝试着进入爸爸的感觉,用爸爸的口吻来说话,如果我说得不合心意,仍然可以修正。"她点了点头。

"你是我的女儿,我是你的爸爸。

"我知道当时我伤害了你,但不知道伤害得有多深,体会到别人的痛苦需要能力。我从来没有向你道过歉,因为道歉也需要有道歉的能力。

"如果我在当时更能控制情绪,也不会在你和弟弟面前面目狰狞。

"我没有办法粉饰那些侮辱性的言行。

"说到底,如果不是我自己的生活那么绝望,也不会因为无法忍受你考试失败而变得口不择言。其实,我只是无法忍受你再过像我一样失败的人生。"

她照着这些话复述,然后坐回到女儿的位置。

"现在你的感觉怎么样?有什么想自己补充的?"我询问她。

"如果爸爸是因为他自己的绝望而不能忍受我,我觉得容易接受一些。"她抬起泪眼望着我,眉头间已少了些纠结。

角色扮演结束后，我们回到原来的位置上。之后的几分钟，我保持沉默，等待她平复情绪，同时给她空间体会刚才新的解读方式带给她的内在扰动。

"我感觉这会儿好多了，很感谢您！另外，老师，我想到刚才的一个细节，您把弟弟的位置特意加进去，这点很重要。如果没有弟弟在，我可能体会得没有那么快，有弟弟在就不一样，我不能任自己沉沦，我得拉着自己向上。"

我已无法抑制对眼前这位女生的欣赏！即使她曾身处黑夜，这份向上之心也使她熠熠生辉。我不想掩饰对她的欣赏："你的勇敢和聪慧让我感到意外和惊喜。我想了解，是什么原因，让你自己保持着那份向上的精神？"

再次出乎我的意料，美莲毫不犹豫地回答："这也是受爸妈的影响。"

"你是说他们也有这样积极的品质？"

"是的，虽然爸爸的生活一直不怎么好，并且很多时候几乎没有什么信誉可讲，但只要是在他经济上还可以的时候，他没有逃避应负的责任，尤其是他再婚后，和以前跟我妈妈一起生活时简直判若两人。他对现在这个家还是尽心的。这样说来，我承认他后来的选择是对的。另外，他听说我今年决定考研究生，还承诺我只要考上，学费他来承担。这样看来，他还是希望以后我的生活会好。

"至于妈妈,光是从她当年主动追求我爸的事情上就知道,当时可是她全家人都反对,她都不在乎。我其实还挺欣赏她的那份勇敢。"她停了一会儿,说:"奇怪,现在我谈到他们的时候,似乎没有以前那么偏激了。"

看到她谈起父母时,脸上不时浮现出的赞赏与认同,甚至是骄傲,我再次被她的宽容感动。也许父母们永远都不知道,即便他们曾经那么深地伤害过自己的孩子,可在孩子的心里,总是那么自然、那么用心地维护着父母的尊严。

这次咨询之后,我们之间的关系突飞猛进,她对我有了一定程度的信任。其中一个明显的变化就是,她进咨询室再也没有上过门锁。至于那只为她特意准备的玩具熊,始终也没有派上用场。

在接下来的几次咨询中,她敞开了心扉。我们讨论到她的拖延症、人际关系及情感等问题。

在一次咨询中,她提到:"我想有一个原因使我总是无意识地拖延,那就是我担心即便我很成功,也逃脱不了被父母剥削的命运。"

"看来,你似乎要把自己放在永远被动的位置上。"

"不……我相信我还可以有更多的主动权。"

她有着敏锐的觉察力，善于反思，能够灵活调整自身行为，这些都使她的症状有了很大的改善。她的咨询费用一部分是从父亲给的生活费中节省出来的。她也提起经济压力使得她对咨询有某种程度的焦虑。她的这种实际情况也让我颇感压力。

鉴于她出色的文字整理能力，我曾有邀请她做一个兼职来抵消部分咨询费用的想法，但马上就想起她曾经历过的双重关系，和一开始我们双方的约定——不发展出双重关系。我决定始终遵守这一约定。我的内心深处还有一个坚定的信念抵消了这层不安：谁说心理咨询只能是长程的！她如此聪慧、自强，一定会在有限的几次咨询中获得支持与成长。

最终，美莲认为我们之间的咨询是成功的。

在最后一次咨询中，她告诉我，她下定决心要跨专业报考心理学的研究生，虽然这是件很不容易的事情，但是她认为自己具备一名咨询师的基本特质——敏感、好学、善于反思。这是她自己独特的生活经历赋予的。另外，她接受过几年心理咨询，这种个人体验让她对报考心理学相关专业很有把握。最重要的原因是，她从心底认同心理咨询师这个职业。从她个人的体验来看，到目前为止，最能给予她支持和温情的是心理咨询师，这使她的人生多了份希望。她认为心理咨询确实是一件有意义的工作，希望自己有一天也可以成为给他人带来希望的人。

此刻，我眼前的她，如同她的名字，像莲花一样美好、高贵。

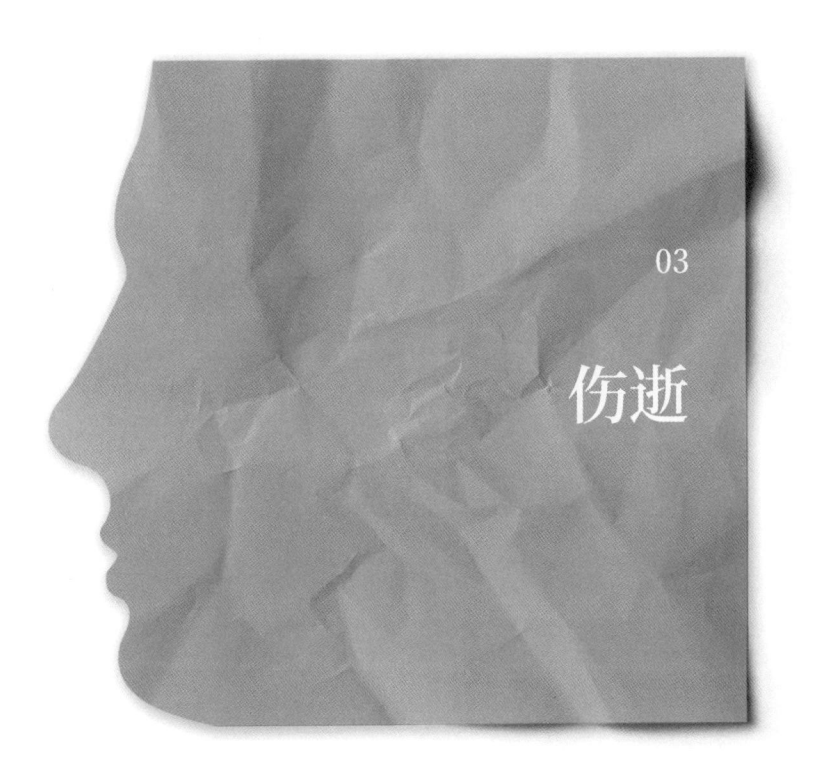

03

伤逝

阿秀今年 40 岁，端庄优雅，良好的健身习惯让她的身材保持得相当不错。她是一名小有所成的画家，已经成功地举办了几次个人画展，其画风深受业内人士赞誉。在外人看来，她的家庭生活幸福美满，儿女双全，经济条件优渥。但这一切外在的成功、优越，丝毫抵消不了阿秀内心深处的紧张、焦虑和无力感，好多年来她也为此参加了不同的心理成长团体。

    一年前阿秀加入了我的心理成长团体。一年的时间里，每两周十个小组成员会相聚一个上午。团体相聚时，大部分都是她在倾听别人的故事，很少表明自己的态度。她在团体中的参与度很低，几乎是团体中人际互动最少的成员，这一度让我怀疑她是否从团体中获益。

在一年团体咨询结束之后，她决定和我开始个案咨询，这让我深感意外："我想让您知道，寻找到感觉合适的咨询师比咨询更重要。经过一年的团体咨询，我想您就是我要找的咨询师。希望您能同意为我咨询。"她说话时因为期待和紧张，语句都有些不连贯。我在那一刻被她对我的信任深深打动，当即和她约定了 20 次的个案咨询。

即便我们之间有了前期的相互了解和初步信任的基础，咨询工作的进行也没有那么顺利。

一开始咨询时，她仍然小心翼翼地试探着这种咨询关系是否安全。我和她之间仿佛有一道无形的藩篱，让我深感迷雾重重，我提醒自己要保持足够的耐心。她把自己的感受完全掩藏起来，咨询中只讨论她和孩子的关系、针对孩子在青春期阶段常见问题的应对策略等，自己的感受却只字不提。

经过一段时间之后，阿秀和孩子之间的关系日趋缓和，阿秀对我的信任感与日俱增，便慢慢打开了心扉。更多关于她自己问题的症结，随之浮出了水面。

三个月后的一次咨询，她一开始看似随意地提到了自己的睡眠问题："啊，有一件事情……我今天想谈谈，说出来我还觉得不好意思……这么久了，我都不能一个人入睡。"

我立即感觉到我们就要接近问题的核心了，打起十二分精神等她继续。

"前两天,有一个外出参加艺术展的机会,这可是我渴望已久的学习机会,一定对我的创作有帮助。但是考虑到没有同行的人,晚上要面临一个人睡的问题,我只能放弃了。"讲完这些,她低下头,看上去很为自己的行为羞愧,同时也在等着我的反应。

"这种情况是从什么时候开始的?有没有例外?"

"具体记不清楚从什么时候开始的了,好像从很小的时候我就有严重的睡眠问题,晚上常常做噩梦,我没有办法面对那种恐惧。自从结婚以后,我也就不需要一个人睡了。爱人知道我有这样的问题,这么多年,如果我要到外地出差,他基本上都会赶过来陪着我。如果他实在不能陪同,我也会尽量找同事或者朋友陪伴。可是这次实在找不到人相伴,而学习的机会又这么难得,我也想试试自己到底有没有勇气克服。就在艺术展开始之前的一个星期,我决定一个人睡,先在家里练习——但还是失败了,我再一次被噩梦惊醒,实在是太让人害怕了。爱人被我的惊叫吵醒,从隔壁房间跑过来安抚我。"讲到这里,阿秀转动身体,虚弱地靠在椅背上,手扶住额头,像是要找个支撑。

从阿秀不寻常的言行上,我意识到她接下来要讲的对于她自己很重要。"那么现在有没有做好准备，想和我谈论这个梦吗？"我为她递上一杯水，她接过水点头致谢，思索了几秒钟，好像下了一个很大的决心："我决定把自己交给您了，被折磨了这么久，到了要解决的时候了。"

"那么现在可以回到梦里，看看发生了什么。"我轻声鼓励她。

阿秀闭上眼睛，尽量去体会梦中的情境。她有数年心理咨询经验，回到梦境对她而言并不困难，片刻之后她便进入状态："我刚睡着，就觉得有一个巨大的阴影站在我的床前，我害怕得心怦怦直跳，我清楚地知道它就是死神。"她的脸上有一抹畏惧掠过，继续道："一开始在梦里我尽量让自己平静，还曾尝试着和他面对面，看清楚他，想听他到底要说什么。但我最终还是被吓坏了——像是无底深渊。"阿秀猛然睁开眼睛，看到我一直在关切地注视着她，像是获得了一些安慰，舒了口气。

"我常常会做类似这样恐怖的梦，因为害怕做梦，所以睡眠质量极差。有人陪伴时虽然也会做梦，但知道总会有人把我拉出来，到底觉得安心。"

"梦中感觉最深刻的是哪一部分？"

"阴影带给我的死亡的气息——黑夜、危险、恐惧，让我窒息。"

"现在来回想一下,现实中有没有发生过引发类似这些情绪的事情?"

"我自己能想到的,大概有几件事情深深影响了我。其中一件是在我很小的时候,至多四五岁吧,当时我还生活在农村,安全措施不是很到位,确实发生了一个和梦境很相似的事情。有一天半夜,我忽然被惊醒,睁眼一看,居然进来个小偷,正好站在我的床前,我吓得大声尖叫!幸运的是,我突然的尖叫也把对方给吓坏了,他转身夺门而逃。

"当时我是和外婆睡在一起,外婆被我的尖叫声吵醒了。我年龄小,没有办法清楚地告诉她发生了什么。外婆以为我做了梦,随便哄哄我就自顾去睡了。后来我好像又和她说过这件事,但外婆不相信,认为是小孩子在胡说八道。这件事情过去好几十年了,外婆早就去世了,我没有机会再向谁解释清楚了。后来我自己也分析,这件事情留下的是个复杂的感觉,混合了遗憾和孤立。"

"那么现在呢,现在的居住环境怎么样?"由于阿秀现在的恐惧情绪太过强烈,继续深入她很可能无法面对,我便尝试着把阿秀拉回到现实中,让她和刚才的感觉做切割。等她找回些主动之后,便会再有勇气回溯往事。

"现在好多了,也安全得多,我住的小区管理非常严,不会再发生这样的意外。"

"听起来在现实中是相对安全的?"

"是这样,这点我很确定。"她的神情明朗起来,现实感回来了。

我决定再次深入:"刚才你说到有几件事情的影响,除此之外,想到睡梦中的阴影还会联想起什么?"

阿秀长长叹了口气,声音低沉、缓慢、沉重:"在我的记忆深处,还有一些影响非常深的体验,和我的妈妈有关。小的时候,我常常被妈妈半夜里压抑的哭泣声惊醒。妈妈婚后的生活非常痛苦。作为传统大家庭的儿媳,奶奶挑剔责骂她是家常便饭,爸爸从没有为妈妈争取过权利,只是冷眼旁观。记得有很多次,半夜里妈妈抱着我年幼的妹妹,哭着对我们说,'要不是因为你们,我可能会活不下去'。我比妹妹大3岁,虽然不能完全体会妈妈生活的艰难,但从小就活得小心翼翼,害怕给妈妈增添更多的麻烦和痛苦。"

这样的画面实在让人感到心酸。在本该安睡的夜晚,两个孩子过多地承担了母亲的伤痛。母亲半夜哭泣带来的绝望和忧惧感是不是阿秀睡梦中的阴影部分?

"这使我从小就养成了看他人脸色的习惯,直到今天,我也很难表达出对别人的不满,乖巧、讨好是我对待别人常用的方式。"

"你曾说过,妈妈在你很小的时候就去世了?"

"我以前说过,我的妈妈在我很小的时候就生病去世了,其实真相是——我的妈妈是自杀的。"阿秀陷入了无法抑制的悲伤中,哽咽到讲不下去。

"阿秀,我非常感谢你对我的这份信任,请讲下去,我在这儿陪着你。"

阿秀擦擦眼泪:"那时我只有6岁,只差两天就是我的生日,所以至今我都不过生日。妹妹刚过3岁。事情发生的那一天,我放学后和妹妹在家玩,等妈妈回家。记忆中那天傍晚特别阴沉,特别冷。很晚了,妈妈也没有回家,我和妹妹便坐在家门口的石凳上等,等啊等,越来越冷。好像预感到有什么不好的事情要发生似的,我们一直朝路口的方向张望,"阿秀忍不住失声痛哭,"忽然村里有人慌慌张张来家里报信,父亲急匆匆地冲出去,我好像隐约意识到了什么,也要跟着去,但大人们都不让,让我带着妹妹在家。妈妈就这样走了!我和妹妹就这样被妈妈抛弃了!我连妈妈最后一面都没有见着!"她的身体剧烈地颤抖起来。

这几乎是世间最悲惨的画面之一!我想要说点什么安慰她,但一时也心痛得无法说出话来。我只能靠近她,紧紧握住她冰冷的双手。

阿秀尽量让自己平静下来："本来这件事情对我们的打击已经很大，但两天后一个邻居跑到家里和我奶奶聊起妈妈的事情，看到我和妹妹在跟前，指着我们说，'你妈都是因为你们不听话才走的'，这句话真是够恶毒！那时候我们小，哪有分辨能力。现在想想，那个邻居也可能只是随便找个原因让我的奶奶释怀，毕竟婆媳不和才可能是把妈妈逼上绝路的原因。

"妹妹那时还小，可能不太懂这句话，但我为此自责并背负了好多年的罪恶感。直到今天，即便外人看来我的生活光鲜靓丽，可我的内心一直都很自卑。如果和别人相处中产生了冲突，我的第一反应就是自责，认为都是自己的错。"

"阿秀，很感谢你对我的这份信任，把埋藏在心底的故事说出来。今天，你希望我支持到你的是哪一部分？"

"这些年，我一直有个疑问，也是我的心结，妈妈为什么离开？她难道真的不爱我和妹妹吗，还是我们根本不值得被爱？尤其是我有了孩子之后，更不能明白，妈妈怎么忍心抛下我们？不值得被爱，甚至不值得活下去这样的念头常萦绕于心，我没有办法说服自己。哪怕在外人看来我的生活花团锦簇，但其实内里早已千疮百孔。"她的眼泪止不住地往下流。

"阿秀，你的经历让我震撼，你的疑问也触动到了我，先容我平静下来。"我站起身来,看向窗外,目之所及都是旷亮的天空。几个深呼吸后,原本激动的情绪慢慢平复,力量在重新凝聚,我准备好了帮她处理这个郁结已久的心结。

"也许我们可以尝试着去找一个让自己安心的答案,答案其实就在自己心中。"我拿来一块布垫,把它规整地铺在地板上。

"来,阿秀,现在蹲下来靠近些,你可以试着想象妈妈就躺在上面,现在把你想问的问题都问出来吧。"

阿秀很快进入状态,俯身面对布垫,泪水涌出来:"妈妈,你为什么要离开我们,你知道我有多想你吗?你一点儿都不在乎我们吗?"

"来,阿秀,现在躺下来,你是妈妈的女儿,自然能懂得妈妈的心意,来体会妈妈的感受。"我引导她躺下。

躺着的阿秀,情绪比起刚才略平稳了些,神情却更加凝重。
"如果你现在是妈妈,你会对女儿说些什么?"

她低语:"阿秀,不要哭。"她的眼泪又流下来,"妈妈不舍得你这样,我的孩子,我怎么会不爱呢?"

"可是,你为什么要离开?是我做得不够好吗?"我代替阿秀问。

"孩子,这不是你的错,与你无关。妈妈也很后悔当时的决定，只是一切都来不及了。是我自己当时太执着，我错了，我很后悔。"

"如果时光可以重来，妈妈你会怎么做？"

"如果时光可以重来，我一定会陪着你们，看着你们长大成家。"

"妈妈，你的心愿是什么？"

"我唯一的心愿就是你能幸福，把孩子们照顾好，你会是一个好妈妈。"

"请把你所有的爱和祝福都给阿秀，她接收得到。"我对阿秀轻声说道。阿秀慢慢放松下来，我拿出薄毯盖在她的身上。经历这样一场情感风暴后，她确实需要休息一会儿。

我一时也感到力竭，房间里静悄悄的，墙壁上钟表的嘀嗒声格外清晰，看看时间，已经超时了。还好，阿秀是今天安排的最后一个咨询。

我一面守着阿秀，看她安然地休息着，一面想着她刚才提到的问题：我们到底值不值得被爱？有多少内心没有得到肯定答案的人，在痛苦地撕裂自己，也撕裂了现实中的生活。他们费尽全力去寻找答案，却往往徒劳无功。其实，还有什么能比自己认可自己更重要？回归到生命的本质，能够存在本身便已是最好的证明。

时间静静地走着，又过了一会儿，阿秀睁开眼睛，缓缓地坐起身来，她的眼神清澈明亮，形容安定平静。

"现在感觉好点吗？"我迎着她的目光，感觉到和她的亲近。

阿秀微笑起来："现在我感觉轻松多了，有些释然了，好像一直以来压在心口的大石头放下了。"她抬眼看了一下钟表，有些不安："啊，时间过了，是不是耽误您的安排了？"

"接下来没有安排。我们下周还是老时间。"

在这次咨询之后，我和阿秀之间的关系更进了一步，阿秀对我更加地开放、坦诚。我能感觉到我们之间开始真正地贴近和对话。

在接下来的咨询中，她反馈近来不再被夜晚的噩梦纠缠。阿秀意识到原来梦里的阴影也可能是自责的一部分。她原本责怪自己是伤害妈妈的凶手，不配拥有好的生活，现在这一部分已失去了存在的意义。

阿秀也开始和我大方分享她的感觉："我想有效的原因不仅仅是你帮我找到了一个方向，更重要的是，上次和你讨论的过程中，面对自杀噩梦的问题，你是真诚地和我在一起，给我支持，我觉得很温暖——特别感谢。你的态度给了我很大的信心和安全感，让我觉得没有什么不能面对的。以前我参加过一些团体咨询，甚至找过咨询师一对一咨询，但是都没有遇到让我感觉安全的老师，只要接近恐惧的核心，我求助的咨询师就会有所回避，他的反应又加重了我的恐惧，让我更不敢轻易敞开心扉，这也是这么久以来我从来没有暴露自己的原因。"

我完全理解她的说法。阿秀的反馈让我想起自己的一段经历。我在数年前参加过一个名为"临终关怀"的工作坊。那次体验实在糟糕，完全没有正面的收获，也并非纯粹的临终关怀。团体咨询引导员把死亡的过程和意象描述得太过黑暗，以至于在工作坊结束的时候，团体氛围变得诡异压抑，许多成员都对死亡的过程更加畏惧。

作为咨询师，在和来访者的心灵深处碰撞的过程中，难免要面对人性和命运最为幽暗压抑的一面，这是工作的一部分。咨询师需要具备足够的勇气和智慧，拥有超然、豁达的生命哲学。否则，这项工作带给来访者的陪伴质量会大打折扣。

处理完了对往事的心结，阿秀把重心转移到了现在的生活上来。在接下来的一次会面中，她带来了自己引以为傲的画作与我分享。我虽然并不是非常理解这些艺术作品，但直觉上还是被深深打动。每幅作品似乎都在诉说着孤独、绝望、呐喊、挣扎和对生命的向往。我由衷地赞叹她在艺术上的天赋。她略带自豪地谈起她的创作之路，并且自认为以往在艺术创作的过程中融入了自己的所有情绪,创作是一个拯救自己的过程,也因此呈现出来的作品格外动人。

不过随着咨询的深入和各种因素的作用,她的心绪有所转变,再也画不出以往的风格,自觉到了一个瓶颈,这也令她稍感失落和困惑。

"好像艺术家的生活都蛮惨的,越是悲惨,作品便越有张力,我真怀疑我再也画不出有力量、有意义的作品了。"

"未必,也许会是一个新的开始。"我鼓励她。

"说到新的开始,"阿秀接过我这句话,却一下子变得吞吞吐吐,"我想谈谈我的婚姻,我不知道是我改变了,还是我看清了婚姻的问题,现在的婚姻关系让我感觉越来越难以忍受。我先生其实是一个专横的人,以往无论两人发生了什么争执,都是我选择退让、主动妥协。但现在我变得独立了,不再像以前那么顺从他、需要他,他就会觉得失控了,这样一来我们的平衡关系就被打破了,变得紧张起来。另外一个原因是,希望你不会对我有偏见……我可能喜欢上了另外一个人,这当然也会导致生活中我和先生的关系慢慢疏远。目前这个局面我还挺苦恼。"

"哪个问题是你今天想要探讨的?"

她稍加思索:"……应该是第二个,和情人的关系。"

"你会如何形容对方?"

"踏实、可靠、有才华,更理解我。当然,我和对方都很清楚,不会有什么结果的,对彼此都是一段小插曲而已。事实上我也清楚,我的先生其实更适合我。我只是有一种感觉,无法控制自己的激情,我在感情中是被动的,无能为力,似乎被一种力量推动,无法停止。"

"让我理一理思路,你的意思是说,你陷入了一段毫无结果的恋情,它带给你强烈的感受,一方面你被强烈吸引,另一方面这件事情有可能带来的结果让你烦恼,现在你希望看清楚发生这种感情背后的动力,以便让自己能够回到正轨?"

"大致如此,我之所以说出来,是不想让自己再沉溺下去。我的婚姻虽然有它的问题,但并非一无是处,甚至我还比较满意,先生有责任感,并且是在意我的。……坦白讲,这并不是我第一次有婚外情,回顾以往的几段情缘,我发现自己总是比较容易喜欢上这种类型的男性。从心理学上来讲,是不是和我跟父亲的关系有关?"

"那么来谈谈你的父亲吧,和父亲的关系如何?"

"父亲在三年前就病逝了。我对父亲的感情很矛盾,客观地来评价父亲,他的文笔很好,小有才华,我对父亲有小小的崇拜。不过从小到大,父亲只是一个形象,我们真正亲近的时间并不多。

"妈妈的离世,和奶奶、父亲对待她的态度有直接关系,我很难不怨恨他。当然父亲对此事也是有愧疚的,具体的表现是他和奶奶大吵了一架。之后,父亲倒是短暂照顾过我和妹妹一段时间,不过没过多久,三个月还是半年,他就再婚了——这是我始终都不能接受的。当然奶奶也不再挑剔她的新儿媳。公平地讲,继母还算厚道,人也勤快,我对她本人倒没有什么不满,但也根本生不出感情。"讲起关于父亲的往事来,阿秀客观平静,几乎看不出任何情感波动。

"三年前,父亲生病,我回去照顾他,那时他已经病重,躺在床上,原本父亲就身形瘦削,生病之后显得格外脆弱瘦小。从一个女儿的私心来讲,能够和父亲在最后的时间相处,一开始我其实是非常愿意的,甚至有些庆幸,不过很快我便意识到我和父亲的情感是错位的。要是父亲能多少操心些我和妹妹以后的生活,可能我会得到些慰藉,但他始终只是叮嘱我,他最不放心的人只有继母,他走之后,要把继母安顿好,不要让她无家可归。最终父亲的房产、财物全都留给了继母,那可不是一笔小数目。妹妹对此颇有怨言。这些年妹妹过得也不太顺当……唉,这些留到以后再说吧。"

"你说如果父亲能够考虑到你们的生活,便会觉得安慰些,但是事实上并非如此,你的遗憾是?"

阿秀苦笑着:"好像始终没有得到足够的爱护,尽管已经40岁了,但内心还有一部分希望自己能真正像个孩子一样在父母面前任性撒娇,这部分可从来没有实现过。"

"说到你总是喜欢上同一种类型的男性,在你看来这种类型和父亲有相似之处吗?"

"仔细想一想,还真的有相似的地方……他们往往能激发我的保护欲。"

"你原本希望得到的慰藉,从对方那里真正得到了吗?"

"你这一问,有些刺痛我了。愉悦总是短暂的,不久就会陷入无尽的烦恼并开始谴责自己。只是,不知道什么时候我才能停下来?就像是飞蛾扑火,身不由己。"

"过去,无论是好的还是坏的,还有可能改变吗?"

"几乎不可能。我现在有些体会,如果我们能够承认过去的已经永远不能再有所改变,好像也不必再纠结于遗憾。现在我感觉内心的一部分空洞被填上了。"深思片刻之后,她说:"还是那句话,外面没有别人,只是自己。自身越是匮乏,向外索求得就越多,饮鸩止渴而已。"

"如果过去是不可能改变的,'现在'比较容易慰藉到你自己的会是什么?"

"现在?"阿秀茫然地眨眨眼,环顾四周,然后把目光定格在她的那些画作上,微笑起来:"我知道,我真正的天赋在那儿,我已经被那些错乱的感情浪费了太多的时间和精力,我忘记了在创作的过程中我可以恣意享受源源不断的灵感的宠爱,也许我可以享用我的生命具有的创造力,不必再怀疑自己配不配拥有它。"

04

婚外情

专业的心理咨询师，要倾听他人的痛苦，消解别人的心理困境。除了后天的努力，这个职业还真是需要点天赋。英子在工作中从来都觉得信心满满，游刃有余。她毫不怀疑自己具有当心理咨询师的天赋，不过当事情实际发生在她自己身上的时候，似乎完全不是那么回事了。

一切都来得太突然，猝不及防。那天中午，英子无意中拿起先生放在床头的手机，万万没有想到，竟然发现了先生出轨的证据！当时她只觉得脑袋"轰"的一声，有种天塌下来的感觉，在极度震惊和慌乱之中，她第一时间打电话给她的督导师，并约定了三天之后的会谈。

在发现丈夫出轨证据后的24个小时里，英子几乎没有办法让自己放松和休息。她想，她的婚姻生活大概从此可以分为两个部分：先生出轨前和出轨后。

作为一名训练有素的心理咨询师，英子发觉自己对这件事的反应几乎和那些发现自己伴侣出轨的来访者一样：崩溃痛哭，指责打骂，歇斯底里，完全乱了阵脚。一整天的时间过去之后，她的身体已经疲惫到了极点。该做的、能够做的事情也都做了，先生狼狈不堪，一再解释自己只是一时情迷，信誓旦旦要回归家庭。

虽然在强烈情绪的推动下，英子曾闪过离婚的念头，但考虑到自己的孩子只有三岁，她几乎立刻推翻了这个想法。

以往工作的时候，碰到别的妈妈遇到类似的问题，选择为了孩子而不离婚，她都不置可否。职业要求她自己处于中立的位置，尊重来访者的决定，但就她个人内心来讲，她更欣赏独立洒脱的女性。

不过现在，英子一想到孩子问自己'爸爸为什么不回家'，想到孩子在这个年龄段对完整家庭的期待，马上就会有心碎的感觉。她忽然觉得，所谓为了孩子不离婚这个理由，其实是真实存在的，并且还是一个十分值得尊敬的理由。虽然当前自身难保，她仍对以往工作中的共情不够感到些许羞愧。

为了孩子，也应该给先生一个机会。如果结婚是因为爱情，那么不离婚是因为爱自己的孩子。想到这里，英子做了一个深呼吸，尝试让自己平静些。目前日子还得先过下去。

尽管现在英子的头脑里万马奔腾，但是习惯了严密的逻辑推理的她很快就捋出了重点。

有几个问题需要在和督导的会谈中解决：现在，面对先生出轨的事实，她感到失去了维持双方情感最基本的信任，也失去了从婚姻中获取的安全感，自己是否往后都会因为对方的出轨，而感觉自己成了情感上的失败者？她现在就觉得挺失败的，一直用心经营的城堡已经轰然坍塌。其次，如果日子一定要继续下去，怎么样才可以完全接受并放下这个既定事实？还会有这种可能吗？最后，准备给自己多久的时间，补上欠缺的能够离开婚姻的能力？换句话说，未来先生如果还出轨，可以做些什么，不至于像今天这样感到如此受伤崩溃？

48小时之后才能见到督导，但她一刻也不能再等，她快要撑不下去了！她需要立即找到答案来支持自己。她审视着记在纸上的这几个问题，开始怀疑以后的日子真的还能回到以前吗？两个人还能像以前那样心无芥蒂、坦荡自在地相处吗？想到此处，英子感到又是一阵剧痛袭来，她不禁用双手捂住了胸口。

亲密关系是最不容易建立的关系，一旦建立，就意味着信任对方，完全把自己交付给对方，同时也意味着给了对方伤害自己的权利。一旦这份信任被打破，重建谈何容易。

从事心理咨询师这个职业，见惯了他人的悲欢离合，英子深知，婚姻分崩离析的原因有很多，但毫无疑问，出轨几乎是对婚姻最致命的伤害。

即便当事人出于种种原因暂时选择继续维持婚姻，但出轨这个事实会始终横在两个人之间，像是一枚定时炸弹。这枚炸弹会在往后的日子里，经意或者不经意之间，一次次扰动生活。日子也许不会被一次出轨的事实给毁掉，但会被出轨引发的无数次回忆联想所唤起的极度糟糕的感受毁掉。

难道以后两人只能在猜忌、嘲讽中凑合着过下去？或者为了使对方真正回心转意而委屈自己，假扮成讨对方喜爱的样子？这都不是英子想要的。当婚姻遭遇了背叛，出路在哪里呢？以她和先生的状态，真的还能破镜重圆吗？

想到这里，英子忽然有些动摇。如果此后的时光都要在自我折磨及相互折磨中度过，何不放过彼此？长痛不如短痛！转念又想到自己三岁的孩子，英子的心瞬间又柔软了。为了孩子，她似乎做什么都可以。

心理学中有一个处理家庭冲突的通用准则：无论夫妻之间发生了什么，彼此都要尽量在孩子面前维持好对方的形象。不过现实中，更多时候是妻子需要维持好丈夫的形象。英子现在愤愤地想，这一定是专为男性制定的准则！为什么不教导他们要更忠于家庭呢？

在过去的24小时内，英子没有在孩子面前掩饰自己的狂乱愤怒，她根本做不到！她并不打算为此责怪自己的冲动，人总是不完美的，她只是在情感上受了伤的普通女子。

在强烈的愤怒情绪下，她声泪俱下，痛斥了先生。意外的是，当时在场目睹这一切的年幼的孩子，居然拿起了平日玩耍的木棍，敲向自己的父亲。往日他们父子之间的关系可是亲密得很！先生愣住了，他不曾想到三岁的孩子竟带着那么大的愤怒向自己动手，情急之下竟结巴起来："你……你为什么打我？你居然敢打爸爸？"话说得还没有那么利索的孩子面对居高临下、恼羞成怒的父亲，居然毫无惧意："你竟然欺负妈妈，你不知道妈妈是这个世界上最好的女人吗！"孩子其实并不明白爸爸妈妈之间到底发生了什么，但感觉妈妈受了伤害，本能地要保护妈妈。孩子大声的质问敲在英子夫妻俩的心上，瞬间现场安静了下来。

当时听到孩子说这句话的时候，英子的愤怒忽然就减少了，先生也无力地放下了抵挡孩子攻击的手。从事件爆发以来，他一直在忙于为自己辩护、解释，或是并不那么真诚地急着做出保证。如果说面对妻子的狂风骤雨还能够忍受，一个仍存良知的父亲在意识到将失去儿子的尊敬与爱时，恐怕就是痛入骨髓了。他流露出真正意识到伤害家庭后的懊悔和羞愧。

狂乱地发泄完情绪，英子慢慢冷静下来。此时再想起来，英子承认，她被孩子当时的这句话感动了，从那个时刻起理智有所恢复，有了力量思考接下来该做的事情。

再想到在孩子心里，自己居然是世界上最好的女人，英子的眼泪便慢慢流出来。职业习惯又使她想到，可能更多时候另一半出轨直接伤害到伴侣的一个关键点就是，"既然在对方的眼里我是如此糟糕，如此不值得尊重，那我可能真的很糟糕"。无论是谁，如果在这个十分脆弱的当下仍能够确信"自己还是很好"，可能会有些不一样吧。

"妈妈是这个世界上最好的女人"，整整一天，这句话产生的精神力量一直安慰着英子。她迫切需要这份支持。英子有意识地放大它的声音，直到背叛带来的伤痛在心底慢慢减弱，对自我的信心慢慢发酵。

晚上英子从幼儿园接孩子回家，孩子不无担忧地看着她，好像才隔了一天，孩子就又长大了："妈妈，你和爸爸会离婚吗？我们班里就有小朋友的爸爸妈妈离婚了，那个小朋友一个星期才能回家一次，好可怜哦。"

看着孩子稚嫩单纯、略带忧伤的模样,英子俯下身把孩子抱起来,亲吻孩子的脸:"妈妈和爸爸之间的确出了点问题。但是,妈妈正在想办法尽量和爸爸沟通解决这件事情,可能需要一点时间。妈妈也是第一次遇到这个问题。如果爸爸妈妈实在沟通不了,那就只能说明我们在一起生活是不合适的。但无论发生什么情况,妈妈都对宝宝承诺,妈妈会天天接宝宝回家。"

"你们会离婚吗?"小小的人儿带着点恐慌。

"目前不会,但是妈妈不确定以后会不会。"

孩子猛地就哭起来了:"我可不要你们离婚,我要妈妈,也要爸爸。"

仔细擦拭着孩子的眼泪,英子心里一阵抽痛,她尝试使自己平静下来,对孩子说:"我知道你一下子接受不了,妈妈也接受不了,原本是好好的一家人,想到要分开,谁也接受不了。不过,你得相信妈妈,如果有一天妈妈选择了和爸爸分开,那么一定是知道分开后的日子会让妈妈感觉更开心。"说完这句话,一直压在英子心头的巨大的痛楚,居然化解了不少,无论生活中发生了什么,她自己还是有选择权的。

孩子紧盯着妈妈的脸,虽然妈妈的话他还不能完全理解,但直观地感受到妈妈的情绪已稳定了许多。孩子也慢慢地放松下来，甚至开始安慰起妈妈："我相信你，妈妈，你开心就好。"也许在孩子的心中，离婚的可怕没有妈妈开心重要。

儿子的反应使英子确认，只要自己有力量渡过这个难关，无论怎样选择，孩子都不会受到太大的影响。这给了她底气，她的心情大为好转。英子拍了拍孩子的小脑袋："放心吧，儿子，妈妈还有你。"

孩子伸出双手搂住妈妈，温柔地说："告诉妈妈一个小秘密哦，我很爱爸爸，但最爱的还是妈妈。"

泪水似乎又要模糊英子的双眼，她下定决心，为了孩子，不会让这糟糕的感觉持续太久，她要尽快振作起来。她现在真正理解了"为母则刚"这句话的含义。

这注定又是个不眠之夜。在英子的强烈要求下，先生暂时搬离家中，到他的工作单位去住。她希望给彼此留出一个空间，以便双方在冷静思考后做出决定。如果先生真正愿意回归家庭，他也需要拿出足够的诚意。

在这个漫长的夜里，英子辗转反侧，和先生相识相知相爱，结婚生子，一幕幕场景浮现在眼前，那么清晰生动。紧跟着画面变了，一切都改变了，往日的一切都充满了讽刺和绝望。记忆越是美好，现实便越震撼。一切都成了碎片。英子觉得自己就像是海面上的一块浮木，随着波浪起起伏伏。

在这半梦半醒之间，一幅画面渐渐浮现：一个孤独、年迈的妇人，孑然一身，凄凉地立于一片荒原之中，似乎在四处寻找什么。睡梦里的英子对自己说：这就是我的归宿。

英子一下子就被自己的这句话惊醒了，心狂跳不止。作为一名心理咨询师，即便是在目前十分混乱的状态中，英子还是敏感地意识到，这个画面也许是潜意识带来的某种启示。到底是什么启示呢？

她重新让自己放松，继续回到刚才的梦境中，抓住这个画面——一个人孤独终老，是自我对命运的预设吗？

可是为什么会有这样的预设？难道仅仅是因为现状？沿着潜意识的轨迹，英子让自己的思绪继续：一个人孤独终老，在这漆黑沉寂的夜晚，这种感觉似乎很熟悉。她忽然意识到，并非今夜才有这样的感受，可能在很早很早之前，这个画面就已经驻扎在了自己的心里。那么从什么时候开始？结婚的时候，恋爱的时候，还是更早的时候？

记忆像是个录像带，英子快速地倒带，仔细检视着，带子上留下的是若隐若现、或深或浅的各场剧目，直到时光回到了最初的记忆……

那是什么画面？一个四五岁的小女孩，面对父母激烈的争吵和互殴，站在家门口放声大哭。她不知道怎样阻止眼前的战争,倒是清楚即便是哭,也没人在意她。她的哭泣像是父母争斗的背景乐。然后她开始幻想,也许结束这一切唯一的方法是,这一切都不存在,不存在,也就没有了争端。

那样的日子持续了好多年,后来父母终于离婚了。父亲很快组建了新家庭,开始他的新生活。当然这个新生活里没有英子的位置。母亲始终独身,即便是多年之后,对于母亲来讲,最重要的记忆,还是她和英子父亲生活的时光,还是没完没了的纠缠,她所有的青春和生命力都随着那段婚姻的结束而结束了。跟随母亲生活长大的英子,了解到母亲的辛苦,也接收了母亲的眼泪和对命运不公、遇人不淑的抱怨。

又一个画面飘到眼前,还是在很年轻的时候,几个小伙伴憧憬着自己未来的情感,猜测和自己的意中人组建家庭后可能会有几个孩子。沉默且显得阴郁的英子有些格格不入,她真正想要说的是:"我不想结婚,即便结了婚,也要离婚的,如果一定要给离婚一个期限,那一定是在我36岁的时候。"

36岁?英子突然被这个字眼击中,一下子清醒过来:为什么是在36岁?36岁时发生了什么?现在英子记起来了——她的妈妈在36岁时离婚,从此孑然一身、孤苦半生。而她自己也已经过了35岁。

英子觉得谜底已经被揭开了,这是否就是命运的轮回?虽然往常的日子看起来还不错，这样的念头不怎么浮现出来，但是，36岁要离婚的这个念头，一直潜藏在她内心深处。先生出轨的事实，像块巨石压在她的心头，也压在飘摇欲坠的婚姻上，而36岁的生日已近在眼前，难道这中间有什么关联？

为什么在很早的时候就预言自己会孑然一身？所谓的宿命，是否只是为了向父母表达忠诚？好像只要踏进他们曾身处的旋涡，自己便能真正理解父母；好像只要像父母一样生活破碎，他们便会意识到孩子的忠诚而略感安慰？

如果这就是自己的命运，心有不甘，又该如何与命运抗争？

更多的记忆逐一进入到意识层面。扪心自问，最近两三年，潜在的"我得离婚"的声音越来越强烈、越来越急迫，好像有种期限要到了的感觉。对先生无缘无故感到厌烦的情绪，也与日俱增。

想起自己近几年的行为，先生出差半个月，自己可以不闻不问。虽然照顾孩子辛苦是一个看起来很有说服力的理由，但内心知道自己和先生日渐疏远。也许在晦涩幽微的潜意识里，早已期待他真的会做点什么，就像自己的父亲一样，曾经不忠。

虽然思绪还是非常混乱，但在这个时候英子似乎理清楚了自己的内心：很可能先生出轨，是大家合谋的结果。想到这里，她突然感觉有些释怀了。先生并非是肇事者，而只是既定脚本的表演者。如果是这样，这个似乎在自己心中早已预设好的人生脚本能够改变吗？

"如何与命运抗争"这句话盘桓在英子的脑海里。命运真的能够改变吗？如何才能与之抗争？需要付出什么样的代价？

"抗争"这个词，那么明确地在她的面前呈现，充满整个空间，带着无形的压力，让她窒息、精疲力尽。

在极度灰暗压抑中，英子忽然顿悟：也许所谓的命运就是所有的潜意识，人是没有办法和命运抗争的，唯有臣服。

至此，她稍感心安，做了几个深呼吸，决定进入冥想状态。英子常常把每晚入睡前的冥想当成内观的途径。这个习惯持续了大约十年。不过自打有了孩子，便很少有时间做了。英子知道，这使她自己失去了某种敏感性，失去了向内联结的一个通道。

她盘腿坐下来，慢慢闭上眼睛，关注自己的呼吸，放松身体，很快意识流开始沉静专注。在混乱的两天后，英子非常享受这短暂的安宁，心神也渐渐稳定下来。

数十分钟后，她脑海中开始有意象出现。首先是一只可爱的小黑狗，小巧灵活，凑近看，它的身上布满了令人触目惊心的新旧伤痕，项圈上刻着两个格外显眼的字"命运"。现在小狗正站在一处悬崖边，面对着大山奋力喊叫，声嘶力竭。

一座黑色石山矗立在前方，小狗和大山之间隔着深不可测的鸿沟。小狗狂吠着，好像要奋力对抗大山带来的威胁，又似乎想要跃到山顶。

英子的眼泪一下就流了出来，目前她内在的状态，就如同这只受伤的小狗，弱小、愤怒、无助，却又如此顽强不甘。这座潜意识里出现的大山，似乎象征着她的命运。

受伤的小狗想要挑战大山的力量，这看上去有些不自量力。"接纳，记得要接纳"，英子提醒自己。她任由这种自怜自叹的情绪流淌，不强行干预转化，继续在冥想中保持稳定的觉知。她现在并不确定，在完全接纳的情况下，意象是否会发生什么变化，只是不抱期待地观察着、等待着。

既在意料之中，又出乎意料，所有的情景都不会一成不变。意象中原本峻拔巍峨的大山居然开始慢慢变小，像电影画面近景切换成远景，小狗也渐渐停止了狂吠，轻快地摇了几下尾巴，似乎还发出了满意的低鸣声，趴在了悬崖边。不到一刻钟的时间，意象发生了一个巨大的变化：高耸的大山山顶和小狗趴着的悬崖边居然平齐了，甚至山体和悬崖融合，一阵沉闷的震动，然后一切归于安静。

英子明显感觉到了慢慢积蓄而来的力量，她的呼吸也更平稳，甚至有种豁然开朗的感觉："是的，我不再和我的命运抗争，我臣服于命运，命运也就发生了变化。"

意象中的小狗趴在地上，开始安静地舔舐自己的伤口。之后另一个意象产生了。只见一株孱弱的向日葵，在杂草丛生的荒原中慢慢向上生长，再仔细瞧，这株向日葵的枝干像是被锋利的刀子拦腰截断了。向日葵分为独立的上下两个部分，上面的部分，在切断的伤口上倔强地立着。

英子的眼泪再次流了下来。她也像这株向日葵，无论经历什么样的风雨，始终心向光明，保持着向上的姿态。她回忆起童年的伤痛、少年的迷乱、青年的苦闷和抑郁，但更重要的是始终不屈的挣扎。她也看到，即便现在，自己身处婚姻危机中，仍在如此努力地寻求解决问题的出路。她欣赏这样的自己。

因为懂得，所以慈悲。英子凝视着这株向日葵的伤口，带着最温柔的情感和最深的怜悯。向日葵的伤口处开始发生变化，上下两部分慢慢地生长融合，生发出了新的神经和营养通道，切口处变成了金黄色，像是为这株向日葵系上了一条金色的丝带。接着原本孱弱的向日葵继续向上生长，变得健壮有力，最终绽放。

英子体会到自己的内在也同时发生着这样的转换。她不仅获得了新生，生命也更加坚韧，她开始确定生活中的波澜最终都会成为成长的节点。继续沉浸在这份感受中，她慢慢地疗愈着自己。

很长一段时间后,她从冥想的状态中抽离,睁开双眼的一瞬间,她微笑着,欣喜和感动充斥着身体,眼前这个世界和之前的似乎已有不同。她从容地站起身来,现在,她知道该怎么做了。

第二天下午,英子特意来到先生单位附近的一个咖啡厅,选坐在靠窗的位置。从这里可以看到先生公司里人员的进进出出。三个小时后,离开咖啡厅时,她觉得自己对先生的理解加深了。

英子见到督导老师的时候,虽然明显消瘦了些,但从容镇定,完全看不出刚经历了一场危机。

她的督导老师是位非常令人尊敬的睿智的长者,英子对他充满了信任。老师看了英子一眼,微笑着对她说:"你的状态看上去比我想象中的还要好"。

英子也不禁笑起来:"这几天我差不多想明白了,已经接纳了一切,也明白了潜意识的推动力,大概以后能够放下了。

"我想上次您接电话的时候对我说的那句'是挺难的',并答应为我督导,就已经给到了我一个支持。我接受了自己要度过一个比较困难的时期,所以可能潜意识就帮助我去寻找度过的途径。

"接着是我孩子的反应,让我确认我是重要的。当然,更主要的是我看到了自己的心结。倒不是为先生开脱,是我意识到自己其实并不完全存在于婚姻之中。您了解我的意思,实质上我早已背弃了婚姻。只不过我和他的形式不同而已。

"昨天下午,我到了先生工作的地方,看到下班后他走在人群中,熟悉又陌生。好像很久了,我没有认真关注到他。他无意中看到我之后,掩藏不住惊喜,一路小跑着向我走来。我确信,他的心还在婚姻里。而我,竟也还有当初心动的感觉。"

"他是属于你的。"

"属于我,他是属于我的!您这句话真的是给了我莫大的安慰,我好像又释然了一些。其实原本我也有顾虑,36岁这个假定的期限是否会反复出现在意识层面。但是您的这句话让我觉得,他是属于我的,他一直在包容我,和我同舟共济,我们都不是完人,却都愿意接受婚姻的考验。我忽然又对先生心存感激。"

督导老师赞许地看着英子,从心底为自己这个得意的学生感到欣慰。超强的领悟力!这正是一个咨询师所需的天赋。

"我还有最后一个问题。"英子继续问,她可不愿错过和老师讨论的机会,也是她在工作中常常遇到的出轨家庭中的常见情形:"假设先生选择回归家庭,只是因为家庭里其他重要的因素，比如孩子、父母的感受，我怀疑他对我的感情是否纯粹，怀疑他对我的爱，这又如何应对？"

"这些对他来讲重要的因素，对你来说重要吗？"

"当然重要。"

"为什么不把这些看成是你们的婚姻共有的资源呢？"

"我想我彻底明白了。谢谢您。"

05

中年危机

人到中年的嘉明是一家跨国公司上海分部的高管。在预约咨询时，他告诉我，他想要解决的问题是越来越严重的洁癖，他认为自己好像得了强迫症。他每天早晚都要长时间淋浴，全身衣服和床单被罩必须每天一换。妻子对他的行为表示不解，他只能勉强解释说，是海风带来的湿气过重，皮肤难受。与此同时，他频繁失眠，每天的睡眠时间不过四五个小时，常常半夜醒来后就再也睡不着，第二天还要应付高压的工作。他的身心处于严重透支状态。

第一次咨询那天，不差一分一秒，西装革履、风度翩翩的嘉明走进了咨询室。他先是四下打量了一番。我的咨询室算得上窗明几净，但他似乎还不是很满意，略带歉意地向我解释说:"抱歉啊,我有强迫症。"随即从手包中拿出包装精美的抽纸,仔仔细细地把他要坐的椅子擦拭了一遍。

等到他终于落座,50分钟的咨询时间已经过去了整整8分钟。

"你挺细致的。"我由衷地说。

嘉明露出一丝苦笑:"您看到了,我细致得过了头,这也是我找您咨询的原因。"

我等着他继续说下去。他却似乎难以启齿,拿出自带的水杯,轻啜一口:"我是不是有病?每天必须面对妻子和孩子怀疑的眼光,您知道那种感受吗?心里其实矛盾得要命,还要装作一切正常的样子。哦,您如果不骗人,可能体会不到。"

"我现在确实还体会不到,你愿意让我了解发生了什么吗?"

"我刚才以为您会说您体会得到。要是您那么说,我肯定不会相信您了。现在,我倒有些确定找到了合适的咨询师。我要从哪里开始说起?"

"你此刻最想说什么,最先想到的是什么?"

思索片刻,嘉明下意识地用双手抱住头:"最让我难受的是……我像是个骗子,没有办法告诉别人,包括我的妻子,真正的想法……我的真实想法是,我实在撑不住了。我累得要命,痛苦得要命,有时候真想结束这一切。那天,我走到公司会议室的阳台,一个念头突然冒出来——何不纵身一跳,一了百了。我被自己的念头吓坏了,吓坏了,吓坏了!"他神经质地把这句话重复了三遍,拿纸巾擦拭额头上渗出的汗珠:"现在我不敢站在高楼阳台上,我真的有些担心,有一天我会控制不住自己。"

我不禁对他生出同情心:"这种感受一定让你不舒服,你的生活中发生了什么,大概从什么时候开始有这样的念头?"

他低下头,嗫嚅着说:"对您我还是说实话吧。半年前,我开始找小姐,实在是压力太大、太烦躁,才去找了小姐。事后我非常后悔,很害怕自己染上病。我已经做过检查,反复做了好几次,目前没有什么问题。但是没办法,我心里就是觉得有这种可能性。"

他抬头看我:"您会怎么看我呢?会轻视我吗?"

"我知道你说出这些不太容易,我尊重你的这份勇气。这件事给你带来了痛苦,你不想总是这样,对吗?"

我的回应使嘉明舒了口气,他接着说:"我承认……这样的事情让人上瘾,其实……现在我也没有完全停止,虽然我一次次决定不再这样做,但压力一来,我就控制不了自己。我有些分不清,到底是因为工作的压力,还是生理上太过压抑。冲动、发泄、后悔、后怕、谴责自己、强烈的罪恶感,停不下来的恶性循环！"

"由你来决定要不要停止。"我轻声回应他。

"我还能决定吗？很多时候身不由己。"他接着自嘲，"没有人会想到一个体面的企业高管内心会如此龌龊不堪吧。"

"除了自己对自己如此在意，可能大多数人并不会太在意别人的内心想法。"

"您说对了，人人都忙得要命，顾不上其他人。"嘉明上身后仰，让自己比较舒服地靠在了椅背上，"这是我头一次跟别人说心里话，压在心底太久了，现在说出来，我觉得轻松多了。"

他深深叹了口气，接着说下去："我觉得您是第三方，不会对我以后的工作、生活有任何影响，这让我对您很放心。我的工作压力太大了，我实在是扛不住了。想必您知道，跨国公司业务繁忙，竞争激烈，对员工的脑力、体力和业务经验有着极高要求。我今年45岁，虽然听上去并不是很老，但已经是公司年龄最大、资历最深的员工了，目前是上海分公司的高层管理人员。而我的上司——上海分公司的总裁，是一名35岁的海归精英。他这个人能力超群，但脾气极度暴躁。我向上要对这位小自己10岁，但能力和抱负都远超自己的上司负责，向下还管理着十几名业务精英，这些年轻人同样是野心勃勃、拼命向上爬的职场强人。我哪里敢有半点松懈？"

听着嘉明的叙述，我渐渐了解到，嘉明的资历和位置决定了他在全公司承担着最繁重的工作。上司的压力和下属的竞争，使他难堪重负。人到中年的嘉明，已经明显感到体能和大脑运转速度的下降。比起其他同事，他的优势可能只有资历和经验了。他从28岁起进入这家公司，就没有再跳槽过，可以说是元老级的人物。可嘉明觉得，要维持目前的工作状态越来越难了。如果说三十多岁的下属一天可以完成10项任务，他最多只能完成5项。更难的是，他还要装作游刃有余。就是现在，已经有一些激进的下属对他表现出了不服气的态度，甚至想要取代他的职位——看看那些年轻人在会议中提出的创意、紧随潮流的幻灯片以及咄咄逼人的业绩！是的，他们确实有嚣张的资本。

商场如战场。一线城市、商业社会、资本的力量，使得愿意参与这场残酷游戏的职场人不自觉地内卷。高额房贷、名车的保养费用、妻子消费的奢侈品、孩子所在国际学校的高昂学费，这一切都让嘉明觉得，只有不断向上这一条路可以走。如果说工作上的压力是一座山，那么内心生出的自我怀疑和事业走下坡路的可能性让他觉得更加沉重。他深感焦虑，或者说，是恐惧。

就在嘉明为自己的中年职场困境焦灼不安时，总部传来消息,一年后,嘉明的上级有一次重大的晋升机会,届时只要业绩达标,就能升任大中华区总裁。而嘉明作为公司实际的二把手,如果能完成分公司为他制定的业绩,则可以顺理成章地取代上司如今的位置,担任分公司总裁。几乎所有同事都对嘉明可预见的升职机会羡慕无比。

"您知道分公司总裁意味着什么吗?"他的眼神中仿佛有欲望在燃烧,"数倍的年薪,更大的房子,让孩子接受更好的教育,还有更重要的——自由!到那时,在这个公司里,一切我说了算,不需要看任何人的脸色。"他的手大力挥舞着,似乎想要在空中抓住什么。

"您说的这一切听上去让人很激动,很有诱惑力!离这一切似乎只有一步之遥,那么您还在忧虑什么?"

"听起来这是个好消息,但我的焦虑反增不减。业绩达标,谈何容易?您知道吗,如今的局面已经是我透支体力和精力的结果,要在这个基础上再进一步,可能要付出更多,如果我还有什么可以付出的话。"

嘉明的手无力地垂下,语气也弱下来:"我认为这就是事情的起因,自从知道升职的可能近在眼前,我对自己的要求就更高了。为了一场业务谈判,我熬了整整一个星期,做足了准备,志在必得,没想到事情的结果不尽如人意,谈判失败了!电话里向上司汇报结果时，他暴躁地吼了一句'Shit！'。我忽然就情绪崩溃了。我，一个大男人，因为年轻上司的一句话，在办公室里号啕大哭，根本控制不住自己。那天晚上，我开始寻欢，这成了我缓解压力的途径。"嘉明停顿了一会儿，又总结道："用金钱换取的关系其实最简单、最痛快。"

"也最短暂。"我轻轻地插了一句。

"也许吧，"他不置可否，"但我找不到别的途径。"

我现在似乎有些明白嘉明出现严重洁癖的原因。这是一个长期以来对自己要求严苛、精神高度紧张的中年人，遇到所谓的中年危机，在高强度的精神压力之下，在短暂的寻欢中释放焦虑，却又无法承受失控行为带来的内心分裂和罪恶感。不断地清洁身体、整理周围的环境，是他与这份失控感斗争的方式。在他身上，焦虑与害怕失控的倾向很可能早就存在，只是在最极端的情景下，以非常的方式爆发了。

人到中年，压力重重，不过，也许在这份危机感里，仍存在一个整合自我的机会。

"如果工作的压力已经到了一个极限，你有可能暂时停下来吗？"我问嘉明。

"绝不可能！看看我的大学同学，他们有人拿着数百万的年薪，有人资产早已过亿。想当初，我可是他们中的佼佼者，我不能落于人后。这是我最后的机会，一年后只要顺利升职成为分公司总裁，未来还有可能升任大中华区总裁。这个机会我必须牢牢抓住！没有任何退路。"他双手紧紧攥着。

"我猜还有其他同学，比不上你的成就。"

"我承认有……他们可能不像我对自己要求那么高。"

"你曾经跟上司或同事讨论过自己的职业压力吗？"

嘉明连连摇头："那是不可能的事。我们的企业文化要求每个人打起十二分精神，如果你主动暴露颓态，就意味着放弃。以我现在的年龄，不进则退。如果放弃升职，可能连当下这个职位也保不住。"他显露出职场人的冷静和理性。

"你的家人怎么看待你目前的处境呢？"

嘉明皱皱眉头，继续摇头："我和妻子从结婚时的一无所有，奋斗到现在这个位置并不容易，职场上的残酷不用多说。说实话，我没有太多的精力维系家庭关系，我跟妻子的关系似乎每况愈下，近几年我们的沟通越来越少，她对我的工作并不是很了解。有时候我会有些内疚。但我的工作很忙，压力很大，总是觉得很累，回到家里只想休息。

"我们结婚有多少年了？大概十几年了吧，我居然有些记不清了。以前她也会抱怨，我们会吵架。但记不起她从什么时候开始，也不抱怨了。"此时嘉明的脸上充满了疑惑，"我在想,她是因为对我失望而麻木了,还是因为我是家里的经济支柱,不敢对我有要求?"

"如果你决定和妻子沟通,告诉她你目前的处境,你认为她会有什么反应呢?"

"我真的想象不到。现在我们的家庭气氛就是很冷淡,我们不怎么说话。再说,她为了养育两个孩子,十年前就辞职在家,她为家庭的付出我是知道的。但实话实说,她作为全职主妇,和社会基本上脱节了。工作上的这些事说了她也不一定懂,只会徒增烦恼。

"虽然我们早已衣食无忧,但如果我的事业不能维持,现在的生活品质就会降低。如果她知道我的真实情况,我都不敢想她会有什么反应。"嘉明开始显得焦躁不安,"现在回到家,我感觉到的是双倍的压力,几乎喘不过气来。我也不知道能撑到什么时候,也许到了某一天,我彻底失败的那一天,我将不得不告诉她真相,我的生活很可能会面临另一场危机。"此时,房间里的温度是舒适的26摄氏度,嘉明却一再擦拭额头上渗出的汗珠。

"嘉明,让我来梳理一下你今天讲到的状况。你现在45岁,自认为体力和精力大不如前,深受强迫症、失眠的折磨。你的年龄在公司没有任何优势,随时有被新人取代的风险。和更年轻的同事相比，专业能力也不占优势，承受着巨大的工作压力。虽然衣食无忧，但你自觉无路可退，给自己下了一道旨令：必须把分公司总裁的职位拿到手，用时大概一年。在心理上，你认为目前没有人能支持你，你觉得身处困境，孤立无援，危机四伏。"

"差不多是这样，有什么办法能让我实现这个目标？"嘉明满怀希望地看着我。

"我对你描述的压力感同身受，我在工作上感受到的压力，其实和你一样。"我抬头看看时间，咨询时间还剩 5 分钟，我犹豫着要不要继续自我袒露，毕竟这是来访者的第一次咨询。

深吸了一口气，我决定接着说下去，我相信自己的感觉："今天还有 5 分钟就要结束咨询了，我想跟你谈谈我的感觉。你看，我们俩年龄相当。"

嘉明点点头看着我，不明所以。

我继续说："近几年我的工作日程安排得很满。在我们这个行业，我所处的位置和取得的成就跟你在企业中的状况差不多。再努力些，我就会有更大的影响力。我一直在考虑要不要再牺牲点时间，来换取更大的成就。整个职业生涯留给我的黄金时间，也不是很多了，近两年我的记忆力、学习能力正以可觉察的速度减退，这使我感到恐慌。"

嘉明有些惊讶:"您是心理学专家,也会有这样的问题吗?您是在开玩笑吧。"

我站起身来:"今天的时间到了,也许下次我们可以继续谈下去。"

"您稍等,能不能把下一节咨询时间也留给我,我现在付费给您,双倍的费用,我们可以继续。"他急切地说。

"三天后,是预留给您的时间,抱歉,今天不行。"

三天后,嘉明如约而至。

我看着上次的咨询摘要,示意他不必着急,可以慢慢地擦拭座椅,直到满意为止。他拿出纸巾时犹豫了一下,突然直接坐了下来。

"我们现在就可以开始了,"他开门见山地说,"上次回去之后我想了很多,也许我的问题是自己太执着,明知不可为而为之。但是我真的没有办法停下来,在那样的工作环境中,大家都在向前冲,我也只能这样。如果真的熬到升职那一天,我就可以放下所有这些忧虑和焦虑了。到时候一切都会好起来。"

"你真的确定,如果你升职了,一切都会和现在不一样?"

"我确定……不,我想……我说不清楚。"他犹豫地说。

"假如此刻就是一年之后,你如愿得到了分公司总裁的职位,现在你会有什么感受?你的压力会更大还是更小?"

这个问题对他来说好像非常突然，有一瞬间他的表情非常兴奋，但很快又变得凝重起来。他双手来回揉搓面部，等他终于放下双手时，已是满脸颓唐，仿佛心力尽失。

他重重地叹了口气："到那时，压力会比现在更大。在那个高高在上的位置，有更高的业绩指标、更庞杂的管理任务，还有更复杂的人际问题……我想，我是撑不下去的……怎么办，我该怎么办？"他发出哽咽声，接着双手掩面失声痛哭起来。也许在我提出这个问题之前，他还抱有一些幻想：退一步虽是万丈深渊，但进一步总能海阔天空。然而，此时此刻，他感受到的只有进退维谷的绝望。

大约几分钟后，他终于平静下来，接过我递上来的纸巾："不好意思，失态了。"

"我记得你上次说过，因为上司的一句否定，你也曾失声痛哭？你很在意他的评价？"

"是的，生杀大权都在他那里。我不能不在意，"他清了清嗓子，搓了搓脸，"我一直想着，您上次说到，您也有同样的压力，是真的吗？您能告诉我，您是怎么想的吗？"

我并不打算隐藏自己的想法，说道："当然，我很乐意和你分享我的感受。你描述的职业情境引起了我的共鸣。听你讲述困境的时候，我也感觉到心跳加快，身体紧张，压力重重。

你让我想起了自己之前的处境和状态。让我想想，我是从什么时候开始发生变化，不再焦虑的。转折点发生在两年前跟朋友们一起爬山的旅程中。你也爬过山吧。"

嘉明点头："爬过，很久以前，我也是户外运动的爱好者，但近几年，再也没有那个闲情了。您继续讲。"

"那是个短暂的假期，我和几个老朋友约着去爬山。我们一行六人，准备好必需品，长途跋涉数小时后，终于到达了目的地。一开始一切顺利，大家背着各自的行头，自山脚精神抖擞地出发。大约两三个小时后，我们走过了大约三分之一的路程，情况有了一些变化，有两个成员开始抱怨膝盖疼，准备稍事休息后打道回府。我们剩下的四个人继续向上爬，这时大家的身体都已经很疲惫，心情不像一开始那么轻松。差不多又过了两个小时，山路越来越难走，又有两个成员决定下山。但我当时只有一个念头，这座山我慕名已久，现在距离登顶不过'一步之遥'，一定要坚持下去，于是我拖着酸胀的双腿继续前行。不久，唯一的同伴，也是体力最好的那位朋友，已经远远把我甩在了身后。当时我精疲力竭，只能坐下来休息，就在这疲惫而又沮丧的时候，我无意间欣赏起山中缥缈秀美的风景来，一时竟沉醉其中。这时我突然意识到，一路上，除了执着于登顶，我什么也没有注意到。直到实在走不动了，停下来休息,我才真正体会到这座名山的生命力和魅力。一个声音忽然从心底冒出来:'看看你自己都错过了什么!'就是在那一瞬间,我的心态改变了。奋力攀登时又何尝不可从容不迫?"

嘉明听得入神,见我停了下来,催促我说下去:"最后您登顶了吗?"

"这还重要吗?"我微笑着说。

我们对视着,然后嘉明爽朗地笑了起来,这可是我第一次看到他的笑容:"你笑起来很有魅力!"

"似乎都没有那么重要了。"他几乎笑出了眼泪。

"事实上,最终我离山顶仍有'一步之遥',但在决定下山时,我并无任何遗憾,反觉不虚此行。"

"我明白您的意思了,听完您的这段经历,我好像也不那么在意结果了,只是——我仍会觉得不甘心,不知道如何放手!自己用了半辈子奋斗到现在,把全部时间、精力都放在这家公司,如果就此放弃,承认自己不行或者平庸,别人会怎么看我?家人会怎么看我?我不知道自己能不能承受他们带来的压力。"

"你愿意告诉我,你是如何走到今天这个位置的吗?中间一定发生过很多故事吧。你的父母又是怎样看待你的?"

他抬起头,语气变得更深邃,目光闪动:"唉,说起来就远了。小时候过的都是苦日子，如果不是考上了上海的大学，又留在大城市工作，现在我可能还在村里种地呢。我们家很穷，我的妈妈虽然是农村妇女，但是特别重视我的学业，从小到大她都鞭策我，像我们这样面朝黄土背朝天的农村孩子，只有读书考大学这一条路。我能感受到家庭现实的压力，所以在学校里我一直是别人眼中的好孩子。大学毕业后，对待工作，我也是这样的态度，恪尽职守，说奋发图强也不为过——也许，我的内心还是自卑的。

"说到我的父亲，他对我的要求更高，无论我怎么努力，工作中取得怎样的成绩，他对我总是不太满意，他认定他唯一的儿子应该成为一个更'伟大'的人。他自己大半辈子里最引以为傲的是他的孝道，在40岁正当年的时候为了照顾他生病的父亲辞职回家，据他所说，当年他可是放弃了在城里当工人的机会回家照顾父亲的。"嘉明停下来，再次叹息，"直到现在，我每次见到他的感受都很复杂。一方面我轻视他，不知道他从哪里来的自信，总是要教训我；另一方面，我见到他还是会紧张，我永远也不能让他满意，他的儿子不可能像他期望的那么伟大，我根本做不到。"

我问嘉明："即便你人到中年，事业上取得了一定的成就，你仍然希望得到父母对你的认可？"

"可以这么说，但我知道，父亲永远不可能认可我，我一直觉得心底有缺憾。"

"客观地讲，你现在取得的成就，其实早已经超过了父母他们自身的成就，是吗？"

"那当然，我凭着自己的才智和努力，在最出色的企业从事着体面的工作。他们永远不会明白我在做什么。要说生活富足，我早就做到了。我不仅在上海给妻儿买了房，还积累了一部分额外的资产，在老家也给父母盖了新房。说实在的，就算是现在我失业了，只要不奢侈消费，生活是没有任何问题的。"

"这么说，你获得的成就感也是他们不能体会的？"

"当然，我还赢得了更多人的尊重。而父亲，由于他的性格极度挑剔，几乎和所有的亲戚朋友断了联系。"

"所以你的父亲现在还能评判你不够优秀吗？"

"我想……他不能！所有人，包括我的父亲和上司，都没有这个资格。"他斩钉截铁地说，语气坚定。

"那么，你自己呢？"

他愣住了，好像不知该如何回答："您说我自己？"

"重要的是，你对自己满意吗？"

他喃喃自语："我自己？我都快把自己给忘了。"然后陷入良久的沉默。

我静静地等待着,我知道他在很艰难地接受那个深埋在心底的,几乎已经被自己遗忘了的,却更真实的自我:一个一路艰辛,已然拼尽全力却不能停歇的自己。只有当他接纳了真实的自己,对自己感到满意,才能摆脱职场惯性和无止境的欲望,不再继续硬扛。我确信他领悟得到。

最终,他有些艰难地点点头,眼中含着泪光:"已经满意了。我已经尽了全力。"

他的语气里,有疲倦,也有释怀。他的表情,有些失落,但也放松了些。

我决定再向前推进一步:"嘉明,我非常感谢你对我的坦诚,现在你的感觉如何?"

他没有任何犹豫:"现在我确实感觉轻松好多,这些事情压在我心底太久,对人倾诉、被人理解的感觉很好。一开始打算咨询时,我还感觉有些压力呢。"

"我想,和你的妻子交谈的压力,不会比和一位咨询师交谈的压力更大。"

"这……我会有些担心,她可能会抱怨我。"

"也许还有一种可能——你低估了和你风雨同舟的人的承受力。"

"会有这种可能吗？"嘉明反问我，更像是在问他自己，听起来有些淡淡的伤感。

"可以试试看。"

也许，部分中年人的婚姻之所以渐行渐远，只是因为始终抱持着固有的成见，拿在婚姻一开始时有效的策略搪塞着婚姻，彼此之间从不展开真正的对话，也从不袒露自己真实的感受，渐渐双方都失去了沟通的愿望。不知不觉中，彼此成了最熟悉的陌生人。但也许，中年危机，正是重新出发寻找自己的时机。也许，蓦然回首，在情感的荒原上，可以发现守候自己的人近在咫尺，从未远离。

咨询时间到了，嘉明慢慢站起身来，伸手和我道别，真诚笃定地说："谢谢您。"

再次见到嘉明，已经是一年半以后，他推荐一位朋友来找我咨询。首次咨询时，他陪同朋友一起来到我的咨询室。

眼前的他好像换了一个人。他不再是那个西装革履、头发一丝不乱、身体紧绷的企业高管形象。他的衣着休闲，表情轻松了许多，看上去阳光明朗，一扫之前的阴郁焦躁。

"在您为我朋友咨询之前，请给我10分钟，让我告诉您这一年多来我的经历。"

我爽快地答应了，也好奇他目前的境况。

"您的那句'奋力攀登时又何尝不可从容不迫'起了作用。经过深思熟虑，我对上司坦承，我的能力和体力都不足以应付上海分公司总裁的位置，请他预先培养更合适的人选，公司里有很多年轻人都非常有能力，我愿意分享我的经验，帮助他一起培养新人。而且，我自愿调到一个更合适我目前状态的岗位上，交出一部分业务上的实权，把精力放在顾问工作上。这才是我一直真正想做的事情，虽然收入略低一些。现在我可以把更多精力放在家庭上。这些年，我真的不太关心家人，特别是妻子，我希望用实际行动来化解我的内疚。我把自己的决定告诉妻子的时候，没有想到，她说她早就盼着这一天了。"

如果说之前与嘉明交谈，就像是坐在压迫感极强的会议室里进行头脑风暴，那这一次简短的谈话，让我感觉到了整个氛围的轻松。这个曾经在高考中凭借自己的智力和努力走出小山村，在大都市的职场站稳脚跟的"苦孩子"，在面对命运的抉择时，依然拥有强大的悟性和执行力。只是这一次，他比少年时期和青年时期更清楚自己从何处来，要到何处去。

至于最初迫使他来寻求心理咨询的强迫症症状，在他跟上司进行关键谈话之后，特别是在默默下定决心要用后半生好好陪伴妻子，享受平淡且宁静的家庭生活之后，不知道从哪天起就消失了。

"还有,"他犹豫了一下,冲我眨眨眼,"我还得让您知道,我现在是个好人。"

06

他为什么不愿结婚?

见到雪儿和华强之前，我把他们的咨询诉求又看了一遍，信息记录两人是恋人关系。华强48岁，雪儿35岁。

华强和雪儿在十年前相识，那时也是他人生的最低谷。那时的华强由于生意失败，刚结束了第一段婚姻。孩子、财产都归了前妻，心情灰暗至极。当他独自一人在空荡荡的房间里过新年时，四周的热闹喜庆和自己的形单影只形成了鲜明的对比，忽然他感到一阵天旋地转，差点儿摔倒在地。焦虑症急性惊恐第一次毫无征兆地突然爆发，让他惊恐不已。

此后，为了摆脱不时发作的症状的困扰，他尝试过很多方法，包括在网上和他人交流、寻求帮助。雪儿和他就是在这种情况下认识的。两人有十多岁的年龄差距。一开始双方只是以朋友的方式相处，渐渐地，两人变得无话不谈，华强更丰富的经验给了小雪职业上很多帮助，而小雪也为华强推荐了很多相关的心理学书籍，使华强对焦虑症有了更多了解。随着交往时间变长，小雪的纯真可爱和华强的成熟体贴让两人自然地发展为恋人关系。华强的事业也渐渐地有了起色。

两人相伴十年，相处融洽。眼看小雪已过35岁，年龄的增长使小雪开始感受到来自家人和周围人的压力。她需要一个实实在在的婚姻承诺，并渴望拥有一个属于自己的孩子。原本小雪认为他俩结婚是水到渠成的事，但华强的焦虑症近来不时发作，这影响了他们的结婚计划。

这么多年来，华强的症状始终没有完全消失，时轻时重，两周前似乎又加重了，发作得更为频繁。尤其让他惶惶不安的是，前几天中午，华强走到一个繁忙的十字路口，正思索着该往哪个路口转时，突然间焦虑症急性惊恐再次发作，他感到一阵窒息和恐惧，心脏似乎在狂跳，无法呼吸，无力行动，全身冒冷汗。四周的车辆来来往往，在他眼前显得格外的陌生、遥远……最后是路口执勤的交警发现了他的异常，把他扶到了路边。像往常的发作一样，数分钟后，华强恢复了正常，但自觉身心越来越虚弱。华强担心症状如果再加重，会发展到无法出门。这些年来，深受惊恐发作的折磨，他早已不再开车。

他们两个人主要的咨询诉求，就是如何缓解华强的症状，移除他内心对婚姻的担忧，从此开始新的人生。

我看着诉求信息，心中很自然地升起一个疑问：如果两个人在一起了十年，还没有结婚，真的只是因为焦虑症的阻碍？在要做出选择的十字路口，华强的焦虑症急性惊恐发作，是否还有其他象征意义？

现在，他们俩紧挨在一起，坐在我的面前。

人到中年的华强，一身很有质感的休闲装扮，身材高高瘦瘦，戴着考究的眼镜，举止儒雅从容。唯一和他年龄不太协调的，是他斜挎着一个印有动漫图案的旅行背包。他的眼神无辜、热情、深邃。我马上就意识到，华强的忧郁孤寂感对于小雪这位看上去带着理想主义的文艺女青年具有致命的诱惑力。小雪中等身材，齐耳短发，圆圆的脸庞，说话时有明显的酒窝。她的眼光不时热切地投向华强，掩饰不住爱慕和关切。华强坐着，倒显得淡然。我一时居然产生了一种错觉，看上去有焦虑症的人应该是小雪。

还未等我询问，小雪便急切地开了口，迫切而焦灼："我们之所以找到您，是因为看了《婚姻的真相》那本书，看到整理者是您，我想您一定会对我们的关系有帮助。

"我的爱人有焦虑症，严重地影响了我们的生活。平时我们相处得很好，我也感觉到很幸福。但他的焦虑症发作的时候，看起来还挺可怕的，那时的他就谁也不想见，会把自己关起来，他就想一个人待着，和谁也不交流。

"因为这个症状，他担心给不了我幸福和未来，一直不愿意和我结婚，虽然对于我本人来讲，不结婚也没有什么，我们现在这样也很好，我也知道婚姻保证不了什么。但是我的年龄到了，35岁了，不能再等，家人在催促，连同事聚会我都没有办法带他出去，我害怕他们问起我们的关系。我认为我们现在结婚的唯一障碍就是他的焦虑症，如果他的症状能够减轻，结婚就没有问题，我可以确信我们将来会生活得很好。对吧，华强？"

小雪把问题抛向了华强，华强的态度至关重要，凭借多年的工作经验，我大概能够从他的即时反应中推测出他对两人关系的态度以及对未来的打算。

像是感觉到了某种压力，华强略皱了皱眉，并没有迎上小雪热切渴望的目光。他清了清嗓子，眼神闪向一旁，抬手扶正眼镜，用一种极富磁性的声音慢条斯理地回应道：

"我不认为我们结婚以后就会生活得更好，焦虑症就会不存在。我觉得我们现在生活在一起感觉很好，这才是重点，一纸证书又能保障什么？我已经过了45岁，是个很实际的男人。

06 他为什么不愿结婚?

眼看这些年焦虑症始终没有缓解,以后会不会变得更糟还未可知,我的意思是……如果我的焦虑症一直没好,我不希望你跟我在一起生活得不幸福,我非常爱你——这你是知道的,所以更希望你能生活得好。"华强接着对我说:"其实我告诉过小雪好几次,如果她遇到一个比我更适合她的人,她应该去追求她的幸福,但她总是听不进去我的话。"

小雪怔住了,抓住华强胳膊的右手慢慢松开,眼神中有一抹困惑,似乎不愿听懂华强所说的重点。

听到华强的回应,看到小雪的意外,我心中略感烦躁——华强是什么意思?他根本就没有和小雪结婚的打算吗?这单纯无辜的女子!白白耗费十年青春!喂,喂,我提醒自己,注意自己的立场,不要急于下结论,要相信当事人的感受!没有无缘无故的感情,谁也不能确定小雪在这段关系中到底得到了什么!再看看华强真诚的表情,也许,他真的是在为小雪的未来考虑。

小雪慌了神,像做保证似的:"我不在意你有焦虑症,跟你在一起这么多年,这个症状一直存在,它是你的一部分,我已经习惯了。除此之外,我们在一起很幸福,我们相处得很好。即便以后焦虑症真的好不了,也不影响我们的关系呀。结了婚,我们还是这样相处,也许那个时候,你没有要不要结婚这个压力,我们会生活得更好啊。"

华强稍显不耐烦,加重了些语气:"并不是焦虑症好不了,而是你一提到结婚,我的症状就会加重!现在你明白了吗,你为什么还要给我这个压力呢?"

小雪更加迷茫:"你的意思是说,我不能提结婚?是我的要求让你感觉到有压力?可是,我真的不懂为什么,我们在一起明明很快乐啊。"

两人的对话暂时陷入尴尬,停了下来。小雪求助似的看着我。

我决定展开询问,来弄清楚两人之间的现实关系:"我想了解的是,你们两个人在一起,谁更爱对方,付出更多一些?"

"当然是他爱我更多,他需要我,这些年完全是我毫无怨言地在支持他。"小雪像是有十足的把握。

"我倒认为她爱我更多,她是个很依赖我的人。"华强冷静地说。

我继续问华强:"依你对自己症状的了解,你觉得在什么情况下会频繁发作,在什么情况下会缓解?"

"这样说吧,最近这一两年我感觉好多了。当然这要感谢小雪这些年来的帮助,她只要看到相关文章,就会推荐给我,我也掌握了应对症状的方法。"

小雪打断他:"不是这样的,这两年也发作过,你忘了?上次……"

"你听我说完,我做过很多相关的检查,医生证明我的身体没有问题,小雪也给我找了很多相关的书,书中提到焦虑症更多的是出于心理原因,也说到一些放松的方法。我也体会到,只要在症状发作的时候,放松、接纳自己,自然会好起来。另外,只要是自己的压力没有那么大,就可以缓解。我觉得我快好了,但最近她跟我提结婚,我的内心压力很大,症状就加重了。"

"你的意思是,和小雪的关系如果更进一步,对于你而言是压力?"

"她其实很可爱、善良,我对她也很好。但如果是要结婚,我感觉到压力很大,毕竟我们相差了十几岁,有时候感觉我们之间有代沟。我有一个打算,不知当不当讲。"华强看看小雪,欲言又止。小雪有些退缩,身体靠在椅背上,她大概已经预感到华强要说什么。

"小雪,你愿意听华强真实的想法吗?我想你并不想让你们的关系停留在这个你不满意的阶段。"我鼓励小雪面对现实。

小雪点点头,神色慌张不安。也许是在为小雪担心,我发现自己对华强将要说出来的内容竟也感到有些紧张。

"我想,我们还是……先分开一段时间,小雪你不要误会,我并不是想和你分手,我就是觉得我们在一起的时间太多,反倒让我没有空间去仔细考虑我们的关系,我们先分开一段时间,都仔细想清楚,再决定要不要结婚。"

时间一时凝固,华强有些紧张地看着小雪的反应。小雪此时六神无主,慢慢红了眼睛,再然后,两个人的目光都投向了我,都等着我说话。

我一时竟觉口干舌燥、思维变缓,失去了往日工作中的灵活。

直到这时,我才大概了解了他们前来咨询的真正意图。焦虑症也许是个问题,但显然目前他们更加在意的是两人的关系走向。两人私底下协商,可能感觉无法面对对方,他们需要在一个看似较为客观权威的第三方面前获得支持,并做出决定。而我显然被他们视为关系的见证者。

看我一时没有给出明确的建议,小雪语气虚弱地催促我:"您说,我们有必要先分开吗,还是只能先分开?"

单纯的姑娘!华强想要分开的意图已经如此明显,难道她还没有看出来吗?还是在自欺欺人?我该给出一个什么样的建议?那句"是时候先分开"就要脱口而出,但另一个更具有指导性的专业原则"除非必要,不要替你的来访者做决定"还是制止了我的冲动。

曾经的工作经验一再验证了这个原则。想起在数年前，也有一位年经女性找我咨询，痛斥她的恋人无可救药，家境、人品、事业心，一无是处，让作为咨询师的我也愤愤不平。但她在和另一个看起来门当户对、才貌相配的伴侣生活数年后，又发出了这样的感慨："您知道，我多么想念以前的恋人！现在我才体会到，事业心、经济地位，一点儿也不重要！从前哪怕我和他只是简单地走在路边，看草长莺飞，我也觉得幸福，因为他懂我。"当时的我在心底庆幸不曾附和她的抱怨。

我收回思绪，让自己回到中立的角色："小雪，假如你坚持不分开，以你对华强的了解，你认为你们的关系可能会如何发展？"

"我想……可能会更糟，我也明白，除非他做好了准备，否则催促也没有用，结果只会适得其反。"看来，小雪其实也明白。

"你是否确定自己有能力暂时独自生活一段时间？"

"我都三十几岁啦，当然可以。"她的身体与华强稍稍拉开了些距离。

看到小雪的反应还算平稳，没有预期中的强烈，华强似乎松了口气，诚恳地对小雪说："我真的需要一个空间仔细思考。

我们纠缠得太紧密了，在这样的情形下，我无法做出决定，我得为我们未来的生活负责。只有在没有你的时候，我才会知道你对我有多么重要！你得给我空间体会。"分手词都说得浪漫诗意！小雪拿纸巾擦起了眼泪。

待她平静些，我接着问："小雪，再想一想，如果你选择暂时分开，日子一开始必然会有些难挨，你可能又会得到些什么？"

小雪低下头，过了好一会儿做出了决定："我也明白，一味催促不会有结果。其实我以前是很自信的人，现在总是患得患失，我完全变了，我怀疑我也焦虑了。我并不喜欢现在的自己。既然如此，就暂时分开吧。只是我不知道他说的暂时，是什么意思，什么时候才能准备好给我一个答复。至于得到什么……您说的是自由吧。分开期间，我可以接受别人的追求吧，我也需要别人来帮助我走出来！"说完这句话，她长长地舒了口气，像是有些解脱。

也许是占有欲在作怪，也许是把自己想得过于重要，华强倒有些坐不住了："小雪，我只是想分开一段时间，让我想清楚，三个月吧，无论我们是结婚还是分手，我会给你一个答案。"

小雪看了一眼时间，问了我一个问题："您说，如果我们在一起十年，最后的结果还是不能在一起，或者他其实从一开

06　他为什么不愿结婚？

始就没有想过和我结婚，我应该怨恨他吗？"

"这取决于你们在一起时，彼此是不是真诚的。"

小雪回头看看华强，华强也同时望向她，他们目光交融的刹那，竟有一眼万年的意味——没有人会轻易浪费这么漫长的岁月，只不过两人能否继续走下去并不单单看爱或不爱。

"是的，我相信，我们是真诚的，我懂您的意思，怨恨也不必了。"

他们起身准备离开，华强匆忙收拾起小雪拉在座位上的手包，跟着小雪出门。现在看起来，他们的位置有些变化，小雪神态平静，反而是华强有些失措。

一周之后，华强发来信息，希望单独和我谈一次。

再次见到华强，他竟比上次显得更憔悴了："我们暂时先分开了。"华强搓搓手，坐下来，神情中并没有得到自由的轻松，反而流露出落寞，他继续说下去："我以为没有小雪我会更自在一些，她太依赖我了，会让我喘不过气。但其实目前的日子也没有想象中的那么好，反而更焦虑了，前几天又发作了一次，以前小雪都在身边，还有个依靠，现在独自一人，更恐慌了，不过还是下不了决心和她结婚。"

"也许你愿意谈谈是什么原因在阻碍你？"

"小雪是很好，但我的内心还是有个声音在说，这并不是我要的生活，还有遗憾。"

"看看阻碍你的那一部分，它期望的生活是什么样的？你曾经有过那样的生活吗？"

华强陷入深思，眼神飘远，内心像在仔细检视一段珍藏的记忆。

他决定对我说出实情："我想谈谈我的前妻，这个可能需要的时间多点，请您别介意，我已经好久没有提起她了。"

华强的声音变得更低沉，脸色也更温柔："我和前妻可以说是青梅竹马，我在很年轻的时候对她一见钟情。她是一个温柔的女子，非常漂亮，并且才华横溢，追她的人很多，我不算其中最出色的，但一定是最执着、最用心的。那时有好几年，我在商场上拼搏的动力，都是希望能够早日娶到她。最终我如愿以偿。结婚两年后，我们有了一个可爱的女儿。现在，女儿跟她妈妈生活，已经上了大学。那时的生活就是我梦寐以求的。我负责公司的事务，给她们最好的生活；她照料家里，把一切打理得井井有条。她的性情我特别喜欢，从认识到结婚，我们在一起生活了十二年，说来可能没有人能相信，我们没有争吵过。我们之间非常有默契，家里的气氛永远都是温馨和谐的。"华强轻叹了一声，停下来。他的思绪停留在那遥远的美好时光。

对了,这就对了。这才是他和小雪之间的阻碍。我思量着,十年的不离不弃、体贴照顾,却抵不过他对往日生活的回忆,虽然人的回忆常常会被时间篡改,但失去的似乎永远最珍贵。

"接下来发生了什么,打破了你原来的生活?"

他再次深深叹息:"如果不是我后来的生意出了问题,可能一切都会在原来的轨道上。那年由于我经营不慎,公司破产了。然后我就失去了一切。"

华强用了很长的时间来描述他和前妻美好的生活,却对结局一带而过。也许他的记忆里错过了什么?

"所以和你的前妻带给你的感觉相比,和小雪的相处并不是那么满意?"

"是的,这点我没有办法在小雪面前坦承。她俩的个性太不相同,一个文静独立,一个活泼依赖。我更爱慕前者,那是我的理想型。"

"我现在似乎能理解你了,往日的生活留下的印记太深。虽然这十年你是和小雪在一起,但你的心还停留在过去,过去才是你珍视的。"

"差不多是这样。和小雪的年龄差距,我也不能忽视,她的年轻活力虽能带给我慰藉,但属于她的年代的新新事物,也让我惶恐焦虑。出于性格原因,我们常常会争吵,我不喜欢这样。可能年龄大了，我更渴望平静的生活。"

"既然有诸多矛盾，那来谈谈为什么没有选择彻底分开的原因吧。"

"原因也显而易见，小雪爱我、依赖我，我对她也有爱怜的感觉。我不忍心伤害她，对她有保护欲，像是对女儿的感觉。自从我和前妻分开，见到女儿的次数很有限。疼爱小雪是不是也是一种心理补偿？

"对于小雪来说，她和她的父母关系并不亲近。这些年，她提到父母和家人的次数也有限，小雪在这里上完大学，就开始工作。她孤身一人，父母和亲人不在我们这个城市，她隔几年才回家一趟。我对她的父母也不大了解，直到现在，还没有正式见过他们。唉！我们两个人在一起，会让我有相依为命的感觉。"

事情渐渐明了，小雪在成长过程中，大概率是孤独的。这样的成长经历很容易让她喜欢上比自己年长许多又细腻体贴的华强。

"那么你了解前妻现在生活得怎么样吗？"

"很少，基本上都是因为孩子的问题，才会简短地见面。"他犹豫了一下，"不过我知道，她还单身。"

"你想过复婚吗？"

"坦白讲，想过，但也只是想想。小雪对我的感情是顾虑之一，另外，我根本没有勇气和前妻谈。虽然我的生意现在已略有起色，但比起以前最辉煌的时期，还相差甚远，我还不能保证让她过上以前那样的生活。"

"所以，有没有可能，如果你的事业有更大的转机，你会更容易做选择？"

"会的，最起码，我会更主动地去争取和前妻复婚。您可能会觉得我对小雪冷漠，但如果您知道以前我和前妻的生活——琴瑟和鸣，是人人称羡的夫妻，就会明白我的感受了。"

"好吧，我只能大概想象一下。我更想了解的是你和前妻的分手过程。你谈到自己生意失败就分手了，至于是如何分手的，刚刚被你三言两语简单带过。如果你有了复婚的想法，至少要知道你们那时离婚的症结出在哪儿吧。"

华强的表情变得迟疑茫然："奇怪的是，这些年，我似乎都记不太清楚我们具体的分手过程了。"他费力地搜寻着线索，过了一会儿，继续说道："也许是结果太让人伤痛了，我没有勇气再回想？我的记忆中都是和前妻一起生活的那些好日子。"

眼看快要触及问题的核心了，我便乘胜追击："我记得你刚才说，你们分手的起因是你的生意失败，现在尝试着让自己回到那时，生意失败后，家人是什么反应？你那时的感受如何？我知道，要面对过去会有些不愉快，但只有面对曾经的真相，你才能做出现时的选择。"

他点点头，同意我的说法，靠在椅背上："当时，公司出了问题，现金流周转不过来，一时间好多债主登门索债。最让我意想不到的是……妻子的家人竟最先要账，后来我知道，"他停下来，叹了一口气，非常不情愿地说，"原来是我的前妻最先知道财务可能会出问题，把这消息透露了出去。当时，我伤透了心，我以为我的妻子会支持我，我们可以共渡难关……"他说不下去了，眼含泪光，抬头看向我："这样把伤口敞开来说，还真是残忍。"

"你现在有勇气来面对真实，这值得敬佩，慢慢说，接下来你们之间发生了什么？"

"接下来，我和妻子大吵了一架，当时我真是要多失望就有多失望，这也是我们婚后唯一的一次争吵。我完全记不得她是怎么回击的。大吵一架之后，我离开了家，两天之后，我再回到家中时，发现一切都变样了，门锁换了，我进不去，妻子也失联了。很快，一纸离婚协议书被律师送到我手中，现在想起来我当时整个人都是懵的。激愤中，我在离婚协议书上签了字，一切财产都归前妻，所有的债务都由我自己来承担。从公司出现危机，到办妥离婚，短短半个月，我的人生从此截然不同，从顶峰跌落至谷底。人心叵测，世事难料啊。"他唏嘘不已，拿起纸巾擦擦眼睛，"直到今天，想起这些往事，我还是觉得不真实，那么多美好的岁月，十几年的恩爱，居然脆弱得不堪一击，还是从始至终都只是我一厢情愿？"

"听起来很让人感慨，人生就是这样，有时会发生一些看起来不那么真实，却真实发生的事情。那么离婚之后呢？在什么情况下焦虑症急性惊恐第一次发作？"

"我真不愿意再回想那段日子……我们是12月底离的婚，1月份就过年了，那年除夕我在外面约了几个朋友喝到半夜，回到空荡荡的陌生的房间，在临时租来的房子里，想到快要40岁了，转眼一无所有，不禁悲从中来。接着忽然感觉心慌气短，全身冒冷汗。这是第一次焦虑症发作。现在回想起来，可能是无法承受生活的剧变带来的压力。"

"在焦虑症开始发作之后，这些让你觉得伤痛的事情，你还会那么在意吗，还是开始更关注自己的身体状况？"

"为了控制和缓解身体问题，我开始寻求各种方法，也把和前妻的恩怨搁置起来，直到今天，这么多年来，我还是头一次把这些事情说出来。"

"我非常感谢你对我的信任。接下来，我们再来想想，最近焦虑症在怎样影响着你？你对前妻念念不忘，和小雪结婚这件事情意味着什么?"

华强脱口而出:"很明显,我再也没有和前妻复婚的可能了!"

"也意味着以前你拥有的那么美好的生活,不复存在了吗?"

华强久久不语,一些激烈的情愫涌动着。

我默默地等待,直到感觉时机到了:"我想说说我对这些事情的感受。你曾经和前妻生活得很好,但只是发生在你顺风顺水的时候。在你最失落的时候,她离你而去,但你仍对她念念不忘,换句话说,对你以前最好的时光念念不忘,并且不断地想象和她再在一起生活。不过,到了你这个年纪,想来早已明白,谁也不能保证以后的日子就没有什么风险。你对复婚之后是否能够回到从前,也没有多大的把握。这一点让你焦虑。

"但另一个女子小雪,在你最失落的时候陪伴着你一路走来,她见过你最糟糕的样子,陪着你东山再起。不过你认为她给不了你想要的曾经的生活,只能带给你新的生活。你确实是一个理想主义者。"

华强半天不语,似乎被我的这些话打动了,接着说:"认真想来,我还没有做好和以前告别的准备。"

眼看就要到最关键的时候了,我继续说道:"前妻无疑是你心底的白月光。你也许可以和她谈谈,谈谈以前的心结,你的症状正源于此,谈谈彼此以后生活的打算,这便于你做出选择。焦虑症已伴随你多年,十年过去了,是时候面对压力中心了。"

他迟疑着:"我怕我没有勇气,最糟糕的结果一定会出现。"

"出现什么?什么是最糟糕的结果?"

华强的声音有些颤抖:"她认为以前我们的生活是毫无意义的,我根本不是她的意中人。她之所以单身到现在,是没有遇到合适的人罢了。其实,这些我都明白,我害怕和她谈过之后,把我以前珍藏的记忆也拿走了!"

"重要的是,对她而言毫无意义的十二年,对你来说也没有意义吗?你们其实是两个人!"

华强怔住了:"我大概快回来了,我想我'自己'要回来了。"

"是的,过去的确是过去了。"

他把身体坐直:"我会尽快和她谈,这么多年,因为逃避前妻,我也忽略了女儿的成长,没有尽到一个父亲的责任。也许我们会尽释前嫌,也可能会彻底了断。但我实在不能再让小雪等下去了。我现在才意识到,这么多年,并非是她在依赖我,而是我一直在依赖着她。"

时间到了,他站起身:"谢谢您。"

07

珍妮的故事

我被珍妮描述的梦境深深地吸引了：

"深夜，在一间小小的屋子里，我和我7岁的孩子小杰还在熟睡中，忽然被一阵窸窣声惊醒，眼前的场景让我恐惧：一条巨大的树干般粗的花纹蟒蛇把我们的房子紧紧缠住，正在想方设法钻进房间，好在紧闭的门窗暂时挡住了它。我似乎很清楚它的意图，它的目标是我和孩子，它要找到并毁灭掉我们！情急之中，我只剩一个念头——保护好孩子，不要让它发现我们！我把小杰抱起来，轻声告诉他外面有危险，要保持安静，不要发出声音。小杰真是个懂事的孩子！他在半梦半醒中睁大了眼睛，冷静警觉地随着我在房间内东躲西藏，避开蟒蛇的搜寻。似乎是木质结构的房子渐渐支撑不了这个怪物的挤压，门窗开始发出吱呀声。要想办法逃出去，逃出去才有生机！然后，我醒了。"珍妮长长地舒了口气，能看出来，梦境的余悸犹存。

我认识珍妮已经十几年了。时间过得真快，一转眼她竟已从二十多岁来到了不惑之年。最开始，我是她的心理咨询师，她因为自身各种情绪问题前来咨询。珍妮聪慧好学、悟性极高，我们之间咨询内容的深入为她的生活带来了转机。同时，她在探索自我的过程中，对心理咨询这项工作本身也产生了浓厚的兴趣。大约六七年前，她通过了相关专业考核，成为一名咨询师。对于心理咨询这项工作来讲，那些曾经让她感觉受到伤害的经历和切身体会到的苦痛，反而成了很有效的资源，使她能很好地和来访者共情，也使她的咨询变得有力量。

我又成了她的心理督导师。最近这几年来，我和她之间的重点工作内容，是针对她在自己的咨询案例中遇到的一些瓶颈。当局者迷，这是心理咨询师需要接受督导的原因之一。而这次她的叙述，是她对自身梦境的袒露。

我在和珍妮一起工作的前几年里曾经大量分析过她的梦境。那些侵蚀她的黑夜，光怪陆离、满布迷津的梦境，经过仔细分析，意义都渐渐明朗。多年自我分析的经验及自我成长，使珍妮能够很快明白潜藏在自己心底的感受。我相信，她现在对自己这个梦境的意义已有所了解。而我的工作，就是陪伴着她，让她更有勇气直面自己的精神私域。

"听起来，这个梦境给人带来了极大的不安，我猜你知道这到底是什么意思。"

"是的，我知道。我也知道您会这么问我。"她搓了搓手，双手搭在一起，抬头直面向我，40岁的女性，眼神依然清澈："我想梦境里的恐惧，仍是父亲带给我的。这些年他带给我的精神压力始终都在，近来情况又有了新的变化。"多年的相识，珍妮和我之间自然产生了信任与默契，她可以在我面前随心所欲地表达自己。

我迅速地在脑海中回放珍妮的家庭情况和以往的咨询片段，以便跟得上她现在的思路。

大约15年前，珍妮找到我咨询。我那时也是刚入行的新手。当时的她，年轻美丽，外表看上去干脆利落、阳光明媚，心底却阴郁矛盾、痛苦不堪。

她那时从事一份销售工作，业务能力超强，拿着不菲的薪水，但人际关系极差，同事们给出的评价基本都是性格孤僻、待人苛刻。无论在哪种场合，她永远都是被孤立的，当然，她也不打算和别人有什么互动。

在她的记忆里，家中似乎少有安宁的时刻。父母之间没完没了的辱骂、突然就爆发的战争，让家成了一个非常奇怪的场所。一幕幕闹剧不间断地上演，似乎家庭的存在只是为了让每个人有个发泄愤怒、展现最不堪的一面的地方。实际上，对于珍妮来讲，那些争斗在当时并没有给她造成直接的威胁，她反而觉得是在看热闹。一个孩子生活的范围及认知程度极其有限，并不会对此有所评判。

在她的概念里，父亲绝不代表可依赖和安心，母亲也不代表温柔与体贴。小时候家里的经济状况虽然还不错，但珍妮常常在从地上捡起父亲扔过来的钱币时看到父亲不加掩饰的厌烦，并因此感到歉疚与羞愧。受重男轻女思想影响的父亲一直都想要家中有个男孩子，但珍妮的母亲生了两个女孩儿。直到现在，珍妮有时候还会疑惑，自己一直以来的好强是否只是在证明自己并不比男孩子差？

父母每日忙碌着他们的小生意，无暇顾及孩子们的成长。童年时期陪伴珍妮最多的是长她两岁的姐姐。珍妮母亲的养育"方法"是：让两个女儿无时无刻不处在比较中。这使得姐姐和珍妮之间很少有和平相处的状态。学习成绩优秀、在他人眼中显得更聪明伶俐些的珍妮得到了比姐姐多一些的赞美。偶尔珍妮会为此沾沾自喜，当然代价就是姐姐的嫉恨，以及父母不在时，姐姐暗中对她的惩罚。姐姐是她成长过程中唯一固定

07 珍妮的故事

的玩伴，即便并不理想，也依然使得珍妮的童年生活没有那么孤单。

从 5 岁时珍妮便开始尝试做饭，照料自己和姐姐的一日三餐。她自小便理所当然地认为，和姐姐相比，自己更有能力。不过记忆中一件很久远的事情改变了珍妮对姐姐的看法。一个漆黑的夜晚，当时五六岁的珍妮和姐姐蜷缩在房间里的小床上，等待晚归的父母。夜越来越深，郊外的村庄格外安静，远处偶尔传来的几声狗吠更渲染了不安的氛围。紧接着，家中的小狗突然开始狂吠，透过玻璃窗，她们看见一个陌生人沿着屋子前面搭的门梯爬了下来。瞬间，恐惧到达顶点，珍妮开始放声大哭，姐姐要求珍妮立即下床，用棍子把房间门从里面顶上，可是珍妮因为害怕，完全没有办法行动。姐姐这时反倒一跃而起，敏捷地把房间门用棍子顶上，最终陌生人居然原路返回了。多年之后，珍妮想起当时的场景，她怀疑到底是不是那根棍子起了作用，毕竟那实在支撑不了多久。但无论如何，姐姐在最紧要时刻的一跃而起展现出的勇气，让珍妮从此对姐姐刮目相看，并对她生出崇敬依恋之情。这种依恋在很大程度上竟然替代了对常常缺席的母亲的依恋。

不那么幸运的是，这份依恋也不是那么稳固的存在，仅仅年长两岁的姐姐又何尝不在寻找对父母的依恋！只不过姐姐寻找依恋的途径往往是泄露她和珍妮之间的小秘密，让珍妮受惩罚，以此来获得父母对她的关注。姐姐的这种方式收益甚微，更多的时候，姐姐是父母情绪直接的发泄对象。珍妮亲眼见过姐姐无数次被父亲狠狠踢倒在地，无数次被母亲恶语相向。在这样的成长环境中，姐姐自然成长为一个低自尊的女性。珍妮曾经纳闷，为什么父母不会如此对待自己？

她的父母在争吵数年之后，终于在珍妮大约8岁的时候把离婚提上了日程。姐姐用一种不同寻常的方式——自杀——来表达自己激烈的情绪，幸亏被人发现得早，捡回了一条命，但留下的可怕伤口从此需要用长长的衣袖遮挡起来。珍妮并未感觉到父母对姐姐的自杀有多少愧疚之意，姐姐也根本不可能阻挡父母之间没完没了的战火和分手的决定。姐姐的意外事件打乱了父亲原来的计划，反而使得父亲对她更加厌恶和轻视。而对于母亲来说，也许有一刻会心痛，但更多的是，她多了一个向别人证明父亲罪大恶极的铁证和谈资。相较于姐姐的做法，珍妮的平静可能让母亲失望至极，虽然母亲也一再要求珍妮"想点办法"留住父亲，但珍妮拒绝了，她甚至冷静地劝母亲结束这段毫无希望的婚姻。珍妮不能理解的是，看起来比自己处境更不妙、多年来遭受更多打骂的姐姐，为什么要用这样极端的行为来挽回家庭的完整？在心底她其实暗自庆幸，再也不必担心三更半夜父亲突如其来的雷霆怒火。

很多年以后，珍妮终于明白了一个道理，越是在家庭里受欺凌的孩子，越是会对家庭呈现出病态的忠诚。似乎每个孩子都在本能地寻求父母的认可，如果没有得到，可能会用一生的时间来寻找。直到如今，姐姐仍然生活在母亲的阴影中，并且随着年龄渐长，失去了反思的机会和能力。姐姐的怨恨越来越多，性格越发孤僻古怪，她的人生正以可预见的形式滑向痛苦混乱的深渊。

每当想到姐姐触目惊心的生活，珍妮就后怕。

在父母离异之后，珍妮离家求学，后来组建了自己的家庭，远离了母亲的掌控范围，姐姐成为母亲唯一可以操控的对象。某种程度上，控制欲极强的母亲把原本对两个女儿的控制都施加在了姐姐一个人身上。由于精神上极度错乱，珍妮的姐姐数次因精神疾病发作入院治疗。珍妮常对姐姐怀有歉疚，她知道是姐姐承担了家庭里所有的压力，而原本她应该承担一部分的。珍妮花费了很多时间才解开这个心结。

总体而言，珍妮小时候的生活经历没有那么平静、温暖，更像是在野蛮生长。这样的成长方式并非毫无益处，没有父母过度的干预，在漫长的童年和少年时期，珍妮拥有了同龄人几乎没有的自在及更多的独处时间，也有了不盲从他人的清醒，虽然这可能是由对他人的深层不信任造成的。生命是属于自己的，自己得为自己负责，这样的理念她早早就建立起来了。

但那些根深蒂固的不安、怀疑，混合着珍妮独特的个性，慢慢发酵着，在青春期后期以抑郁症的方式彻底发作，并且持续了漫长的十年，从16岁到26岁。这十年时间，用珍妮的话说，是她人生的至暗时刻——漫长的黑夜，没完没了的失眠，强迫性的穷思竭虑，习惯性的自残，几段自毁式的恋情，不断变换的工作，及经济上带来的窘迫。

直到26岁，几乎在山穷水尽、走投无路时，她无意间经朋友介绍开始了心理咨询。这种不断向内看的治疗方式，为她打开了一个新的世界，她看到了属于自己的新的可能性，生命的火光被重新点燃。随着自己的转变，她发觉自己真正的兴趣点是人类丰富的精神世界。

咨询过程中，家庭成员带给她的影响在很长一段时期内是我们处理的重点。

和珍妮的咨询进行了数年后，她的另一个梦境似乎揭示了母亲、姐姐和她之间的复杂关系。

"母亲又一次劈头盖脸地责骂、羞辱姐姐，姐姐在床角瑟瑟发抖，默默流泪。珍妮心生不忍，鼓起勇气制止母亲：'不要再这样对待姐姐！'接下来，母亲的脸色变了，凌厉的眼神刺向珍妮，珍妮佯装镇定，以为自己可以保护到姐姐。这时母亲转头示意姐姐，刚才低眉顺眼的姐姐坐直了身体，竟也面露狠绝之色，紧盯着珍妮。珍妮意识到了危险，准备逃离，但已经来不及了，母亲和姐姐联手把珍妮按在床上，珍妮已经无法呼吸，一个念头跳出来——我才是她们的猎物。"

惊醒后的珍妮，通过反思这个梦境，意识到多年来自己深陷家庭关系的纠缠中，原来自以为的拯救或伸张正义，只是破坏了母亲和姐姐之间你情我愿的游戏。珍妮决定从这场家庭游戏中抽身，不再干预她们之间的纠缠。她以为这样可以让自己的内心重回自由平静，但这种平静并不长久，随之而来的背叛家庭的负罪感沉重到让她觉得逃无可逃、无处容身。

不止一次，珍妮会有这样的念头，何不陪着她们一起疯狂，也好过面对亲人对自己的冷漠、怨恨和疏离？

也许是珍妮直觉灵敏，她总是能适时地觉察到混乱的所思所感，常在梦境中获得启示。在另一个梦境里，珍妮看到了自己愿为家庭奋不顾身的狂热。

"我在一栋大楼的二层，周围人来人往，我看起来像个成功人士。我看见已经年迈的母亲从楼下沿着旋转楼梯慢慢上楼，我的心情很矛盾，一面想走上前搀扶母亲，另一面又不希望她看到我，想要赶快逃开她的视线。最终我停下来，眼看着母亲上楼，在人群中找到我、走近我。然后母亲乞求似的望着我，对我说，'你要答应我，要照顾好每一个人，要原谅每一个人'。梦里的我，懂得母亲的意图，感到一丝悲凉，深感无能为力。我试着向母亲解释，'我能力有限，照顾你是我的责任，但是我实在没有办法负责所有人的人生。你只是看到了我生活得还不错，不知道这么多年我走得也很艰难'。听了这些，母亲的表情一下子变得绝望：'如果你不答应，我就死给你看！'她说完这句话，突然爆发出巨大的力量，飞快地跑到楼下，我急忙靠着楼上的栏杆往下看，只见母亲瘫倒在楼下的地面上！我当时惊慌极了，呼喊着妈妈，匆忙下楼，根本顾不得周围人的诧异眼光，把倒在地上的母亲抱在怀里，感觉到怀里的母亲那么瘦弱，想到有多少年我没有抱过自己的母亲了。还有什么能比和母亲相拥更重要的呢？我彻底崩溃了：'我愿意答应你的任何要求，只要你活着！'"

从梦中醒来的珍妮，发现自己的眼泪已经把枕头打湿，心还在怦怦地狂跳着，回味梦中的情景，她看到了自己对家庭的忠诚和对亲人深沉的爱，看到了彼此之间的隔膜。她似乎也看到了命运之手如何把父亲、母亲、姐姐及更多的人搅进旋涡，身不由己。在这一瞬间，她想要兑现梦中的承诺，接受所有的一切，和一切和解。

她被感动的情绪推动，抱着满腔的期待拨通了母亲的电话，母亲稍显冷淡的语气一下子把珍妮打回了现实："你有什么事吗？"

"我没有事，就是想问问您这几天怎么样了，这两天我回去看您，有什么需要我带的？"

"我倒没有什么事，不过有一件事情想和你商量，"母亲的语气缓和下来，珍妮却预感不妙，"你姐姐想要你闲置的那套房子，你能不能把你的房子卖给你姐姐？"

珍妮的情绪一下子有些失控，她的心底有个声音在呐喊，妈妈，我真想我们能有真正的沟通！她尝试让自己平静下来："不行，那是我们打算留给小杰的房子。"

"你不同意，给我打什么电话？"对方挂断了电话。

珍妮在电话这头如鲠在喉，她有些不甘心，决定再尝试沟通一次，也许会有不一样的结果。电话再打过去，母亲已经关机了。

珍妮看着自己的手机，看着自己手心冒出的冷汗在屏幕上留下的痕迹。梦中的深情，现实中的冷淡，交织在珍妮的心头。珍妮其实理解母亲的做法。母亲的内心从来没有平和过，随着她迈入老年，对姐姐的现状开始真正感到愧疚，便通过向珍妮提出物质上的要求，来补偿多年来她对姐姐精神上的盘剥。多年以来，珍妮已尽力在经济上支持家庭，但这一次她们的要求，突破了珍妮的底线。

痛定思痛，珍妮有了新的领悟：也许是到了彻底放下的时候了，也许最该原谅的不是别人，而是自己——承认自己无能为力，允许自己有尊严地生活。

在一次咨询中，珍妮问我："如何能够彻底摆脱父母带给自己的影响？

"如果我们能彻底摆脱父母带给自己的影响，岂不是太轻视父母这个角色了？"

我的回应使她释然，她接着问我："是否每个人都必须和自己的原生家庭和解？如果不能和解，就真的无法换回内心的安宁了吗？"

"说到要和自己的原生家庭和解这件事，我并不赞成刻意去和解。勉强自己只不过是掩盖了真实的感觉。事实上，也并不是所有的关系都可以和解，毕竟这是双方的事，不是由一方的意愿来决定的。尤其在和父母的关系这件事情上，父母几乎占了主导位置。这件事情之所以显得重要，说到底，是由于不和解状态带来的怨气和戾气伤人伤己，让自己的生活也陷入绝境。不如回到自身，自己是否愿意成为曾经期待的理想父母的样子，并有所作为？个人成长很重要的意义也在于停止家庭创伤的代际影响。"

珍妮说她原本的生活已经糟糕透顶，也就没有什么可担心的了，她要试试走一条新的路会怎么样。这十几年来，她不断地反思觉察，有意识地修正自己的内在地图，对生活的了悟日深，曾经伴随她多年的抑郁和强迫症状已消散一空。

她在 30 岁那年遇到了她的真命天子，结了婚，后来有了一个可爱的孩子。孩子的到来几乎改变了她对生命的看法。小杰对她的深沉依恋弥补了她生命中缺失的可靠的情感，使她心性愈加平静柔和。她对生活的热爱随着孩子的成长与日俱增。有一次她告诉我："小杰说的一句话对我的影响太大了。他说，妈妈，为什么你不能像对我一样对待别人？我仔细想想这句话，得出的结论是，这样做没有任何不妥。"

那些曾经四分五裂的念头在她强大的意志力组织下，渐渐统一。珍妮走过那些艰难的岁月，逐步使自己的生活和事业走上了正轨。现在她成了一个口碑极好、受人尊重的咨询师。

这些收获使她能够回答自己曾经的疑问：我这么辛苦，是为了什么？

我把思绪带回到当下，想到珍妮说起的有关她父亲的近况。在和珍妮的母亲离婚后，很快父亲组建了新的家庭，还有了个儿子，算是夙愿得偿。不过，他嗜赌成瘾及狂暴的性情注定了悲剧的结果。他的晚景落魄凄凉，妻离子散，缺少亲朋的支持，经济窘迫，并深受疾病的困扰。把这些信息和珍妮一开始的梦境联系起来，我推测，她老无所依的父亲把珍妮当成了最后的依靠，给她带来了压力。

珍妮皱皱眉头："他和母亲分手之后，对我们不管不顾，忙着他的新家庭，到现在却没有一个人可以指望。虽然从法律上来讲，他并没有尽到做父亲的责任，但毕竟他年龄大了，其实之前，我已经尝试私下协商按月给他生活费用，但他不同意，向我索要大笔金钱，还不断以我的人身安全和声誉相威胁。一个月前我收到了法院的传票，父亲竟以遗弃罪把我告上了法院，我看到起诉书的内容，真不愿再提起他说的，真是满纸荒唐言，不堪入目！谁能想得出这出自我亲生父亲的手笔！前几天，父亲带着人居然又找到了我的住处。这么多年来，为了躲避他的纠缠，我够谨慎的。幸运的是，我当天没有在家。但他找到了我的住址，以后怕是家无宁日。唉，你可能无法想象他的为人，但我再清楚不过了！没有羞耻心的人什么事都干得出来。这个星期，我一直在忙着搬家，昨天我的新居全部安顿好了，小杰的情绪也很稳定，我总算放下心来。今天我走在来时的路上，突然想到在那个梦中，我所做的正是想尽办法躲开蟒蛇的搜寻。这段日子发生的事情像极了那个梦中的感受，算算时间,这个梦是一个多月前做的,看来弗洛伊德的分析是有道理的,梦是一种预示。"珍妮让自己停下来,平复心绪。

"这段时间,你确实承受了很多。"

"其实最让我难过的是,在我的心底,还保留着儿时的一些记忆。很小的时候,有一次我跟在父亲身后,看他为我洗衣服,我在旁边欢快地哼着歌。他还曾经背着我去赌博,虽然干的不是什么好事,居然都成了珍贵的记忆。唉!"她轻叹一声,"我不知道要如何接纳我的父亲,我知道接纳他才能让自己平静,但不知道要把这样的父亲放在什么位置。一个父亲,原本应是孩子心中神一样的形象,怎么能在不负责任离家多年后,丧失基本的道德底线,如此颠倒黑白、咄咄逼人?在梦中,他化身为我最初的恐惧,从小他带给我最多的就是这样的恐惧。我原本以为,这么多年后,我早已远离那段岁月,但现在,他又找上门来,像是阴魂不散,一切又回来了,我仍在被父亲诅咒。"

"不管如何,现在的你,已经和原来不一样了,不是吗?"

珍妮沉思了一会儿,语气坚定:"是的,认真想一想,的确不一样了。比起当初,我知道自己坚强多了,也富有多了,你懂我的意思,我有我的支持系统。而他日渐衰老,力量已大不如前,也许这是他带给我的功课,我要做的是正视这样的恐惧。我是真的害怕别人对着我咆哮。"

"这种恐惧现在对你来说还是个问题吗？"

珍妮集中自己的思绪："认真想一想，它只是在我的意识中存在，存在于好多年前的记忆而非现实中。我一直在想办法处理自己的感受。"

"我相信你应付得了，说说看，你是如何处理的？"

"现在再经历和父亲对峙这个过程，我个人的体会是，曾经强烈的情绪并没有丝毫减轻。不同的是，我不再被它完全淹没。我允许自己的一部分像以前一样慌张，但还有一部分会沉着地应对，做出更理性的行为，而更多的部分仍在继续我现在的生活。我已有能力让生活恢复正常。"珍妮又是一声叹息，"听上去好像自己已经成长了，但还是不太确定。"她看向我，眼神中有疑惑、有希冀，还有一抹深深的绝望。

"不确定什么？"我竟被那一抹绝望触动了。

"有些说不清楚。这么多年都过去了，曾有一段时间，我以为我已经远离了家庭带给我的影响，我一直在那么努力地向前走，也许是因为青春本有的活力，我那时更有力量和我的原生家庭做切割。目前看起来，我的生活要比他们好很多，无论物质还是精神。我曾以为，在拥有这一切美好的事物之后，我的生活会焕然一新。但近来我开始怀疑，这一切是否真将如我所愿。我不知道是不是出于年龄的原因，40岁，从生命本身的状态来讲，似乎已到了一个转折期，我的膝盖、消化系统、视力，还有白发，都在提醒我，最好的状态已经过去。我竟发觉自己近来胆怯或者说保守了。我安于现在的状态，和爱人的感情很稳定，以后大概率不会有什么变动；孩子正以让我惊叹的速度，一天天成为他自己。按理说，我可以心满意足地享受我的生活。毕竟这一切来之不易。但审视我的内在，仍有一个巨大的空洞，这个空洞让我感到悲伤，里面盛满了我在意的人的控诉、绝望、蒙昧、痛苦，我仍然无法放下他们，好像他们仍是我的一部分。这一部分有愈加清晰的趋向。

"更加让我不安的是，我早已建立了自己的家庭，居住条件也在不断改善，我现在住在环境更好、更舒适的房子里，但夜深人静时扪心自问：我的家在哪里？您知道吗，我的第一反应仍是小时候的那个家。"她的叹息让人心生怜意。

"那个很久以前我们四个人——父亲、母亲、姐姐和我——简陋的家，好像这个家永远稳稳地待在心底的一角。这个画面始终对我有强烈的吸引力，我担心的是，随着年龄的增长，我会失去向前的力量，所有的努力会付之一炬，您明白我的感觉吧？"

"你是在担心自己终究会和他们一样？"

珍妮点点头。

"在和他们经历了几乎完全不一样的生活之后，你担心自己仍会和他们一样，未来过一样的生活吗？"

"我指的是精神上，您明白……也许我根本上还是和他们一样。"

"珍妮，这么多年，你在成长中获益良多，你喜欢自己的生活，但你如何知道父母他们不喜欢自己的生活？你似乎已经假定他们的人生是一场悲剧。你让自己陷入了一种想象的现实。事实真的如此吗？"

"您的意思是我陷入了自己的想象，他们可能喜欢自己的生活方式？也许我犯了一个错，我还没有足够尊重不一样的选择和不一样的人生，所以那些不同的人生才如此纠缠我？"珍妮笑起来，"我似乎有些明白了。只有完全地接纳，才能回到自己的生活里。"

"我相信你已为你的孩子展示了完全不一样的榜样形象。我想，他会为你骄傲的。"

珍妮的眼睛里泛起了泪光："是的，我确实做到了。"

我们不约而同地看了一眼时间，咨询时间到了。我们都依依不舍，我给了珍妮一个拥抱。一切都在不言中。

在珍妮的成长过程中，作为陪伴她的咨询师，我有幸参与到了她的生命故事中，几乎见证了她完整的蜕变过程，个体表现出来的生命力和顽强让我惊叹不已。和十几年前相比，她完全称得上脱胎换骨。未来珍妮仍要面对她的现实，经历属于她的沉浮，这些只能由她独自面对。但我相信她现在已有能力面对现实中的任何问题。

08 青春期的迷思

"是您吗？我终于有您的消息了！"电话那头传来一个陌生的年轻女子激动喜悦的声音，我一时有些想不起对方是谁。

"请问……实是抱歉，我有些不记得了。"

"是我，我是晴天，您还记得我吧。早就想和您联系，但您换了联系方式，我是从一个朋友那里知道了您的消息，碰巧她上周去听了您的讲座。最近您忙吗，可以约个时间见面聊聊吗？"

晴天？一时间记忆翻涌上来。那个美丽、聪慧却在整个青春期都深陷神经症性问题并为之苦恼的女孩，好像很久没有她的消息了，她现在怎么样了？过得还好吗？想到此处，我立即和她约定第二天来我的工作室碰面，进行一次非正式的咨询。

工作这些年，回访原来的来访者，对我来说总是乐在其中。一方面，虽然彼此相处的时间并不是很多，但心理咨询这项特别的工作可以使双方的关系在很短的时间内深化。作为一个注重建立咨询关系的咨询师，常常会惦念以前的来访者，每一次回访，就像是见到了一个老朋友。特别是多年之后的回访，会很快把看似失联已久的情感联结起来。另一方面，从专业上的收获来讲，来访者的反馈非常重要，咨询师常常会从他们那里得到真正有用的建议和行之有效的方法。我相信和晴天的回访也不例外。

发了我的新工作室的位置给晴天之后，慢慢地，更多关于她的信息在脑海中浮现。时间流逝的速度真是惊人！一转眼，我们已经有十年没联系了。十年前，她断断续续咨询了一年多的时间，我第一次见到她的时候，她18岁，前来咨询的原因是从16岁起就开始的间歇性严重头痛、失眠和焦虑。由于这些症状的折磨，她当时彻底放弃了学业，在家休养。

时间的威力太大，居然模糊了我的记忆。尽管我努力地回忆，咨询过程中很多细节竟然已经不大记得，当时咨询的效果到底怎么样，结束的时候她是什么状况，都已变得模糊，只有几个画面在我脑海中仍然清晰。

想起第一次约见时，就像她的名字一样，扑面而来的青春和阳光使我的心情都明亮起来。她那时正值 18 岁的青春年华，高挑纤巧的身材，光洁健康的肤色，美丽漆黑的眼睛，单纯热情的微笑，一切看上去都那么完美。在她开口讲话之前，我竟一时完全沉浸在她带给我的美好感受上，甚至忘记询问她要求助的问题。

是晴天先开的口："您看看，我的两只眼睛是不是有些不对称？"晴天问我的第一句话把我拉回到现实中，她的声音同样甜美，带着些稚气。

我有些惊讶于她的问话内容，仔细地观察她，童话里公主般的美丽眼睛。我诚心诚意地回答："我看不出有什么不对称，只是觉得你的眼睛很美。"

"您没有看出来吗？"她撇撇嘴角，略显不悦，"这么明显，右眼比左眼大很多。"

我可不想在这件事情上一开始便和她陷入争执，谨慎地措辞："也许是有一点，不过好像大家都是这样吧，没有绝对对称的。以我的标准来看，确实没有明显的问题。"

我还以为她可能会执着于此，但她反而马上放松了表情，俏皮地微笑着说："如果您看不出什么明显的问题，大概别人也不会那么在意。毕竟我们素不相识，您没有必要哄我开心。我们还是来谈谈我目前的症状吧。"

这个转折真快！我还有点转不过来。

第一段清晰的记忆就到这里，接下来大致谈到了她的症状以及她为此遭受的痛苦和付出的代价。放弃原本优秀的学业，遥遥无期地和这些症状对抗，却仿佛永远无法摆脱。

另一个记忆中的咨询场景浮现出来。在和晴天的咨询进行了五六次之后，晴天的妈妈也主动加入了咨询。母女俩走进咨询室的一刹那，我最直观的体会是，她的妈妈是老年版的晴天，两个人的言行举止极为相似。

晴天的妈妈在那次咨询中完全掌控了话语权，只字未提女儿面临的困扰，也没有表达对女儿未来有任何想法。她的关注点只在自己身上，她说自己也有很严重的情绪问题，倾诉了很多对于自己婚姻的种种不如意和懊恼，自己对家庭辛苦付出，却换不来晴天的父亲对婚姻的丝毫责任感。

母女两人的情绪几乎同步：妈妈表达焦虑，晴天就会紧张地皱眉；妈妈表达愤怒，晴天就开始说感觉头痛；当妈妈为婚姻痛苦流泪时，晴天就忙不停地安慰妈妈，轻抚其肩背。看上去，反倒是晴天在照顾妈妈。这次和她们的会面，让我了解到晴天对妈妈过度地认同。

当我问妈妈是否了解女儿的状况时，妈妈却回应说自己也在为一大堆问题烦恼，但相比晴天的爸爸，自己显然更关心女儿。而紧挨着妈妈坐的晴天，由于无法抓到妈妈表达的重点，显得格外茫然，却又连连点头表示认同。

我认真地回忆和晴天的咨询过程，但奇怪的是，只有这两段画面清晰地印在了我的脑海中，其他时刻都成了隐隐约约的背景。至于我当时是怎么为晴天做咨询的，我为她的青春期神经症性症状做了哪些工作，效果如何，我怎么都回忆不起来了。可我为什么又对这两个场景如此清晰？我猜测一个原因是晴天的美丽给人的印象很难消失；而另一个原因，那时缠绕着她的身心症状、依附于妈妈的未曾独立的人格，又让她的美丽失去了光彩，而我对此心生遗憾。想到这里，我突然特别想知道现在的晴天怎么样了，当年我们之间的咨询到底有没有起到作用。对要见到她这件事情，我现在有点迫不及待了。

她一进门，就给了我一个大大的拥抱，热情四溢。

我们坐下来，彼此打量了几秒钟，眼前这个晴天，和我记忆中的确实有些不一样。十年之后，她显得成熟了，美丽依旧，风姿绰约。更重要的变化是，她眼神里的成熟笃定，甚至略带世故，已经完全取代了曾经的简单纯真。人的情感真是奇妙，短短几秒钟对视的时间里，曾经熟悉的感觉都回来了，好像我们从没有断了联系。我们不约而同地开口："没有什么变化，还是老样子。"我不禁心中自嘲，女性随着年龄增长，"没有变化"就是最好的赞美。

"你是越来越漂亮了。"我由衷地说。

晴天显得很高兴:"亲爱的老师,能够见到您,我真开心,您的工作都还好吧。"

"我还好,和以前的安排差不多,每天咨询、写作、看书和运动。快告诉我这些年你过得怎么样?生活发生了什么变化吗?"

她端起我为她准备好的一杯茶水,先喝了一半,然后把杯子放下:"我一有您的消息,就特别想见到您。我就是想来和您聊聊我都经历了什么,相比以前我好多了。目前我觉得自己生活得挺不错。"

"真是好消息!"

"说起来还有些曲折,当时咨询结束后不久,我结婚了,但三年前我离婚了,现在是快乐的单身生活。"

这时我渐渐想起来在当时咨询的最后阶段,她似乎告诉过我,她恋爱了,交了一个男朋友,已经和对方同居,她想尽快和这个男朋友结婚。这个男友比她大 7 岁,一直没有稳定的工作。听起来这个人和晴天的性格也很不搭。很明显,几个月的热恋并不足以了解一个人,晴天当时还不满 20 岁,在我看来,晴天之所以有这样急迫的想法,被对方吸引是原因之一,而更多的是为了补偿在家庭中没有得到的父爱，或者也是为了离开妈妈的控制。我当时似乎针对她的男朋友，婉转地提了几条建议，希望她不要急于做出结婚的决定，但晴天根本没有在意。这段恋情给晴天带来的好的影响也显而易见，她的神经症性症状在此期间大大缓解，头痛、失眠及强迫性穷思竭虑几乎都消失了。现在，我记起来了更多的细节。在晴天来咨询的一年多里，她的症状时轻时重，我束手无策。但自打她恋爱之后，症状很快就在飞扬的激情中消散，这种前后对比让我感到挫败，之前我记不起来的原因难道是潜意识中的保护机制？

现在，晴天说的离婚，是不是就和那个人？

晴天立即看出我的疑问："嗯，是的，就是以前我跟您说过的那个男朋友。您还记得吗？当时您虽然没有直接反对我和他交往，但也提出我和他在某些方面可能需要更多时间磨合，希望我更慎重些。但我那时哪顾得了那么多。等过了20岁生日，我们就去领了结婚证。婚礼什么的一概从简。现在想想，我确实应该多考虑您的建议。但我也不后悔，婚姻持续了5年，他也是真心待我的。不过我们之间的差距实在是太大了，所有的想法都不一样，我们几乎没有在任何事情上达成过一致。

"婚后我的工作越来越好。我真的有销售天赋！他却常常失业，还酗酒成瘾。我们之间的矛盾不可避免地升级，吵闹不休,最后只能分手,幸运的是我们没有孩子。"

晴天轻轻地叹了口气,有些怅然:"经过这些年,我现在也成长了不少,这三年来我独身,忙于工作。现在我也算是事业比较成功,是公司最好的销售。至于感情方面,以我的条件,倒也没有什么可担心的。"

"这个我绝对同意。"

"实话说,前些天我公司的一个同事还向我表达爱慕之情呢。他的条件也不错,我们相互了解,也有足够多的共同语言,不过这次我可得慎重些,如果以后有机会,我把他带来,您帮我把把关。"

"相信现在的你能够做出合适的选择。"

"我也相信自己的眼光。"

我们同时笑了起来。

"晴天,作为一名咨询师,我有些好奇,想知道我们那个时候的咨询到底对你有没有作用?"

"我就知道您会这么问我。"她调皮地吐吐舌头,"咨询对我来说还是有帮助的。我从心底感谢您,您的理性和冷静,与我当时身边的所有人都不同。"

"请具体一点,我特别想知道到底是什么对你起了支持作用?"

晴天又微笑起来："您还记得有一次，我和妈妈一块儿来咨询？"

"印象深刻，那次咨询之后发生了什么吗？"

"那次咨询挺受触动，在此之前，我和妈妈都没有意识到，我们纠缠得那么紧密。咨询结束之后，妈妈回家和我谈心，她说您说的一句话对她影响很大。"

"哪句话？"

"您当时问我的妈妈，'你愿意让自己的女儿那么像你，和你一样痛苦吗？如果答案是否定的，那就更多地听听女儿的想法'。妈妈说那句话改变了她的想法，她意识到要更尊重我的意见，不再事事干预，也决定不再把自己所有的苦恼都向我倾诉。事实上，妈妈确实做到了，这点还真是了不起！在我后来要结婚时，妈妈都没有提出任何反对意见，虽然我知道她并不满意。她说把我的人生交给我自己决定。几年前当我忐忑不安地把离婚这个消息告诉妈妈时，原以为她一定会对我失望至极，谁知道在一阵沉默之后，妈妈居然说我比她勇敢。"

"你的妈妈很了不起！我们当时的咨询对你还有哪些方面的影响？"

"哈哈，我习惯了您的穷追不舍！以前您咨询也是这样的。我想有个关键是，长那么大没有人认真听我在说什么，也没有人在意我真正的想法是什么，我也不觉得这是个问题。但是跟您在一起的时间，您总是问对于某件事情我是怎么想的。一开始，我甚至说不出自己的想法或者干脆搬妈妈的观点。但在您不停地追问下，我意识到自己的想法才是重要的，表达出自己的观点才是重要的。从那以后，我的生活状态发生了极大的改变。到现在为止，虽然不能说是成功的人生，但是我敢说我过的是自己选择的人生。相比以前，我更尊重自己。"

"多么清晰动人的表达！还有，晴天，我想要了解另外一个问题，我记得当时你来找我咨询，是因为头痛、失眠和焦虑，现在这些问题还存在吗？"

"老师，您要是不问，我都忘了我曾经那么在意这些问题。仔细回想，在我们咨询结束以后，症状还会时不时地出现，尤其是生活压力大的时候。至于这两年，可能是我太忙，所以不再特别关注它们，症状也没有太明显。不过我现在倒也坦然了，症状也是自我的一部分，我已经了解到如何去面对。如果你的注意力只集中于此，它就会提醒你不停地关注。"

"我特别开心，能够听到这样一个回馈，晴天，你确实长大了。还有一个问题，假如今天的你再次回顾你的问题，假如说现在回到 16 岁那一年，你开始头痛、失眠，你能告诉我，当初怎样做，症状会不至于发展得那么严重？"

晴天的表情认真起来："这真是一个好问题！我还真的想过。也许当时我都没和您说实话，抱歉啊，老师。"

怪不得！我当时总有不知其所云的感觉，咨询常常陷入停滞。

"但是现在早已事过境迁，我可以完全地坦白了。事情是从16岁开始的，其实原因很简单，我只是喜欢上一个男生，谈了恋爱，投入了很多感情。而这个男生在老师眼里不那么优秀，甚至可以说是顽劣。但是我恰好相反，优秀、漂亮、守规矩，是老师眼里难得的好学生。以我现在的理解，我被压抑管束得太多了，而对方活得那么任性肆意，我被一个和我完全不同的人吸引了，和前夫也是如此。

"那时我的学习成绩退步了，因为我一贯优秀乖巧，大家都认为这样的乖乖女不会有什么心思，没有人去责备我，都认为一定是有什么原因导致了我的退步。我只能撒谎说了一个理由——头痛。您知道，这是最省劲的方法，如果我说出实际的情况，父母、老师将对我轮番轰炸，我怕我无力招架，但是您当然也知道，一个谎言需要更多的谎言去弥补，我开始真的头痛，头痛到失眠，失眠让我想得更多，陷入一个恶性循环。之后不久，我就被确诊为神经衰弱。这下好了，我所有的行为都符合真正的神经衰弱症状。老师您这样问我，我也这样问过自己,我的答案是,如果当时大家都不那么重视我的症状,我可能就好了。"

"也就是说,你本来是编了一个理由给别人,但是这个理由最终却骗了自己?"

"是的,您知道骑虎难下,老师、家长、医生都太关心我了,我当时的感觉就是如此,只能如此。"

谁也不曾料到,过多的关心会给当事人带来这么大的心理负担。医生的诊断又强化了当事人的症状。

我们俩都陷入一阵沉默,穿过岁月的长河,依稀看到曾经青涩的少女是如何不经意地偏离了命运的轨迹。

然后,晴天开口说:"今天,我其实也有收获,刚才您那句话,让我再次警醒——不要欺骗自己。我承认,现在的我也不是没有烦恼,烦恼总是一个接着一个,但总算我学会了更真诚、更坦白,也敢于面对了。"

和晴天的这场对话,已经过去了很久,总有一天,这些记忆也会淡去。但是,晴天的反馈,对我的工作来讲,影响深远,始终提醒着我——对自己,保持诚实的态度;对来访者,不要过度干预,做一个真正的陪伴者。这成了我工作的座右铭。

谢谢我的来访者们,在他们的引导之下,我们这些心理工作者学会了如何工作。

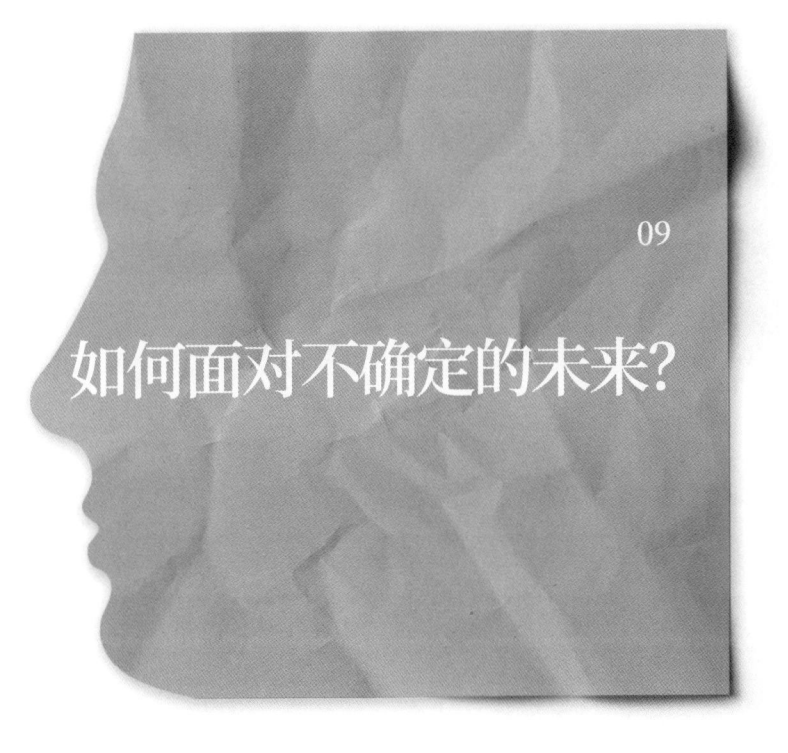

09

如何面对不确定的未来？

一来到咨询室，来访者就开始了自我介绍："请叫我雅雯吧，我不了解心理咨询，这是我第一次做心理咨询。我也不太清楚自己到底为什么做心理咨询，有部分原因是我对任何事情都有好奇心，对心理学也好奇，想通过心理咨询看看，到了我这个年龄，还能有什么可以提升的？"

从她在咨询之前提供的基本信息中，我了解到，雅雯的真实年龄快55岁了，再有半年就退休了。只从她的外形来看，除了眼角有淡淡的细纹，她保养得相当好，看上去顶多40出头。优雅得体的仪态，黑白分明的眼睛闪动着清澈的光芒，服帖的黑灰色齐耳短发，精致的妆容，色泽艳丽的服饰，光洁的皮肤，无一不显示出她受过良好的教育，并且有着丰富的人生阅历。

"很高兴认识你,你希望今天从哪里谈起呢?"我用惯常的方式进入工作状态。

"这个我还没想好,其实并没有什么太重要的问题。我发现自己经常爱忘事,以前发生的事情常常记不清楚,我这个状态是不是已经活在当下了?"她边调侃,边在自己的随身包中翻找笔记:"我是一名编辑,常常与文字打交道,也看过一些心理学方面的书,感到心理咨询很有吸引力,好像是一门让人更了解自己的学科。但又听说心理学是要探讨人的过往经历,回忆早年的事情,对这方面我倒不是太认同,说那些过往还能有什么意义?过去的事情有那么重要吗?好与不好,都过去了,好多事情太久远,真的会遗忘。"

"理解,我也常常感到现在的记忆力远不如从前。你可以谈谈现在的生活状态吗?或者你对现在的生活,有什么想要改进的地方?"

"显然需要做些改进。这两年常感到自己会非常着急地想要完成一些事情,我的想法很多,但又力不从心。再有半年我就要退休了。这半年我的工作会很烦琐,您可以想象有一大堆事情要交代给接班人。还有退休后的工作安排,都需要尽快提上日程,我初步想好了几件事情要去做,但在具体操作上,我又非常拖沓。这加剧了我的焦虑。"她停下来,等我的反应。

09 如何面对不确定的未来？

"你是说，你在工作岗位上工作了将近 30 年，为以后的安排而焦虑？"

"是的，听上去有些不可思议吧。我知道很多人会很期待退休……哦，终于找到了，"她看着本子上的记录，神色严肃起来，"坦白和您讲吧，我面临的问题非常简单。我马上要退休了。我没有婚姻，没有恋人，没有子女，也没有什么积蓄，再确切一点，我还有不算太少的外债要还。这就是我目前的基本情况。"把这些显然让她感到难堪的状况一口气说完，她低着头，再抬眼看我："我不知道您作为心理咨询师，对我这种糟糕的状态有没有好方法？对于未来的生活，我有着深深的忧虑和不安。"她不自在地左右摇晃了两下身体。

我不禁有些惊讶、困惑，雅雯讲究的衣着、得体的仪容及随身携带的名贵小包都显示着她生活的精致和体面，但真实的情况竟如此困窘。同时，雅雯问题本身的沉重感也在我心底弥散：若一无所有，如何面对不确定的未来——随着年龄增长显然会更加黯淡的未来？

我决定先了解清楚她的现实生活状况："你现在一个人生活吗？你的人际关系如何？"

"大部分的时间我都是一个人生活。从今年起，每周大约有三天，去年还是每周两天，我会和八十多岁的老母亲待在一起，她是我目前唯一的亲人了。我为她做饭、帮她洗澡，平日里有阿姨照顾她，她目前的身体状况还算平稳，不需要我时时陪伴，当然主要是我也不能忍受天天和她在一起，我还是喜欢有点私人空间。我的工作需要偶尔到外地出差，有时是和同事一起，和同事之间几乎没有深交。我的朋友并不是很多，但也有两个年龄相仿、关系还不错的老朋友，属于无话不谈的那种。不巧的是，其中一个目前正因家庭琐事而焦头烂额——此事，暂时不提；而另一个前不久突然查出身患重病，这件事，对我也是一个冲击，她现在天天为自己的健康焦虑，我也不知道怎么去安慰她。"她红了眼眶。

"老朋友身患重病，会让你联想到自己的健康问题吗？"

"这是很现实的问题。前不久，因为一场急性胃炎我住进了医院。虽然有护士帮忙，但大多数时候我仍得强忍不适，独自办理所有的手续。这些已经够让人伤心的了，再看到别人的床边人来人往，有亲朋照顾，只有我，孑然一身。我的老朋友自顾不暇，打不起精神来看我。也许是病痛让我变得脆弱，我突然开始担心我的将来——以前我可是一个乐观大条的人，很少为以后的事情担忧。但近来这样的念头紧紧抓住了我，我的母亲至少还有我在照顾，但是我以后，竟想不到有一个人可以依靠。现在就可以预想到，将来一定非常凄凉，这让我无法忍受。"她拿起纸巾，揉着眼睛。

一个人的生老病死，想想也真够悲惨！我不禁心中感慨，等着她平静下来："你提到你有一份收入还不错的工作，却还欠下了不少债务，这部分的原因，愿意多谈谈吗？"

"这是造成我没有安全感的另一部分原因。五年前，我和朋友们合作投资了一部我喜欢的小成本网络电影，没想到一不小心，我所有的积蓄都投了进去，房子做了抵押，又贷了不少款项。到目前贷款已经还了一部分，但余下的还有不少，初步估算需要我用未来 5 到 8 年的退休金来偿还，这还是在一切顺利的情况下。电影已经拍完并上映了，反响没有我预想中那么热烈。对于这件事情，我其实并不后悔，我对艺术有自己的追求，也算是为了实现自己的梦想付出过……代价是有些大，这也许是我想和您讨论的另一部分，在对待金钱的态度上，很多时候我都有冲动消费的倾向，我始终无法理性地规划我的消费，这是我不成熟的一面吧。假如我很早就对财务有合理的规划，也许可以过上更好的生活。现在，我让自己狼狈不堪，甚至在生病的时候，我只能拒绝医生提议的更好更贵的药品。"她轻叹一声。

"艺术的本质是在表达创作者的内心，希望有机会可以看到你投资的这部片子，对你多些了解。"

"片子的时间比较长,您恐怕得耐着性子来看。这是一部和爱情有关的片子。"

"和爱情有关?想和我谈谈你的爱情吗?"

她的眼神中闪过微弱的光芒:"原本跟您说过去的事情我似乎已经忘记了,但现在我们聊着,好像又记起来。好多年前,我曾经拥有过婚姻。我的前夫比我年长十几岁,是一个才华横溢的知名艺术家。是我主动追求的他,我们认识不到三个月就结婚了,现在想来,当时完全是虚荣心在作怪。在结婚之前,我对他仰慕已久,他有巨大的光环,有很多仰慕者和追随者。我的存在,只是为了衬托他的闪亮。"她自嘲地苦笑,"婚后,我确实有过短暂的眩晕般的幸福感,如愿以偿的幸福感。只不过很快我就意识到,好像是谁说过的,越是看似光明,就越是藏有阴影。在这段关系中,我完全失去了自我,我把自己完全奉献给了他,但他对待我,怎么形容才好?我就像是被他随意捏在手中的一团废纸,皱皱巴巴、面目全非、毫无尊严,那段时期我的心灵完全枯萎了。"她声音低沉,叙述压抑、克制,我似乎听到了心碎的声音。

情绪上的起伏使雅雯不得不暂时停下来,自嘲地解释:"原本以为都过去了,现在回想起来,才意识到虽然这么多年过去了,直到现在我都没有回到完全舒展的状态,这真让人心惊!也许，这段恋情是我选择孤独到老的原因，我体会过完全没有自我的滋味，绝对不想再来一次。坚持了六年之后，离婚是我提出来的。前夫当时完全震惊，并不同意，他一直以为我没有了他活不下去，但我铁了心。人就是这么奇怪，当他践踏了我最基本的底线，让我明白在他眼里我是如此不堪时，我突然就对婚姻再无半点眷恋，看来，人最爱的还是自己。我下定决心，净身出户。"她长长地舒了口气，再补充道，"这是我做过最正确的决定之一，从来没有后悔过。"

"后来呢？又发生过什么？"

"这些年，我遇见过几个心动的异性朋友，但相交都不长久，往往是在要进一步深交之前，我就抽身而去。我再也不想对谁负责任。"她犹豫着，决定继续说下去，"在我和前夫离婚十年后，也就是大约在十年前，我了解到前夫生了重病，无人陪伴，病痛使他失去了往日荣耀，那时他更年轻的女友也因此离开了他。我也不知道当时是怎么想的，许多人都劝我，但我还是决定回到他的身边，陪他度过人生最后的时光，他的父母早已离世了。最后一个月，我们生活在一起。他终于不再对我挑剔，甚至承诺我，如果病好了，以后我们就好好过日子。但，再也没有以后了。"她怅然若失，"直到现在，每年的清明，只要我在这个城市，还会去看他。"

荡气回肠的爱情故事！

"你对感情的有始有终，感人至深，我非常敬佩。"

"人生到了我这个阶段，想想那些曾对我有重要意义的人，前夫、挚友、记忆中模糊的父亲，还有如今年迈的母亲，我会有人生如梦的感觉。我的内心觉得自己仍有孩童的一部分，但现实中竟已到了暮年。"她轻轻地叹息，看上去有些疲惫。

相比往常，我觉得自己现在更迫切需要来访者的反馈，因为雅雯的问题已经超出了我已有的人生经验，我需要她的反馈来确定是否可以继续深入探讨下去："今天是我们第一次接触，我很想知道你的感觉如何，谈谈你的感觉，想到什么都可以说。"

她振作起精神，把自己从往事中抽回："我有些好奇，来您这儿咨询的都是些什么人，有没有人和我一样，是为自己的晚年生活而担忧的？我一想到年老时的生活，就忧心忡忡，想着也许再过几年，没有人会有足够的耐心来对待我。即便我可以住进一个设施齐备的养老院，也只能被动地忍受别人的安排，我不相信自己会得到精心的照顾，别人凭什么对你好呢。想起这些我就觉得可怕，也感觉自己很失败，居然最终没有人会关心我的生死。我想冒昧地问问您，您作为一个咨询师，会有这样的担忧吗？当然，您看上去比我年轻些，也许还不到担心这些问题的年纪。看您的办公环境，"她打量四周，"宽敞舒适。我是慕名而来找您咨询的，显然您也不会再为以后的收入问题忧心，干您这一行就像是老中医一样，肯定越来越好。我这样的问题，在您看来会是庸人自扰，显得我很愚笨吗？说过底，今天的局面全是我自己造成的！"

听着雅雯这一段话，我居然对自己的未来也产生了类似的想象。作为一名始终在觉察他人，也在觉察自己人生的心理工作者，也许能比更多的人体会到生命的倏忽而逝，那么我对自己的未来有过类似的担忧吗？答案一定是肯定的，我忍不住在记忆的深处筛选着片段，但一时竟毫无所获。

我坦承自己的感受："你的这个问题，显然触动到了我，我想这不仅仅是你一个人的担忧，也是很多人会有的担忧，当然包括我在内。有时候我想大多数人之所以努力地生活着，其中一部分原因也是要减少自己对未来的担忧。我当然也做了类似的工作。到今天为止，我确实不再像曾经那样，为自己不确定的未来深深地忧虑。很多时候，我生活得平静且满足。"

雅雯听得专注："您能否告诉我您的这份安全感是从哪里来的？"

我决定如实回答："我想有一个原因是，我学会了和人交往，大多数时间我和他人相处得很好，尤其我有几位知心朋友，是可以信任、可以依赖的。当然我也有自己的家庭，我相信我的伴侣是一个善良的人，也许婚姻到最后，善良是最基本的底线，别的都没那么重要。还有我可爱的孩子。所有这些关系，可能使我的安全感大大地提升。当然，对工作的兴趣和投入，以及由此得来的回报，也是原因之一。"

雅雯点点头："您的回答很真诚，和我预想中所谓幸福的人生差不多，基本上可以接受。"

"那么在接下来的咨询中，我们是否可以把重心放回自身，看看到底是什么阻碍了你获得安全感？"

"好的，我感觉现在好像平静多了。今天的咨询并非一无所获，您没有劝我那些担忧是不可能发生的，您是值得我信任的。下周我们再见。"

在当天咨询结束之后，我像往常一样，骑着电动自行车从工作室回家，居住在这个美丽城市，生活节奏不紧不慢，公路两旁大多有绿树成荫的自行车道。自行车一直是我最爱的交通工具，比起开车带来的紧张与找停车位的麻烦，自行车方便太多。工作室离家大约 30 分钟的骑行时间，这个过程基本上是我的思绪放空的时间，往往等我回到家中，平日在工作中受到的情绪冲击都会消失无踪。作为一个咨询师，记忆力虽然很重要，但遗忘的能力似乎也同样重要。后现代心理咨询的名言：

09 如何面对不确定的未来？

来访者来的时候我不知道他是谁，走的时候我已忘了他是谁。我们在咨询室里和来访者倾心相谈，高度共情，设身处地。但在咨询室之外，我们也要平衡自己的内在，体会更超然的存在。

但今天似乎有所不同，一句歌词在心头突然冒了出来："没有什么能永垂不朽。"它反复萦绕在我心中，似乎在提醒我什么。我知道是因为今天雅雯触动了我深层的不安。我怀疑在咨询室里我表达出来的安全感是否真的坚不可摧。

接着脑海中一个形象慢慢浮现了出来，大约在20岁那年，刚刚大学毕业，我从事了一份自己并不喜爱的工作。那个炎热夏天的一个夜晚，我在一个热闹的街心花园里闲坐着，迎面走来一位向我推销化妆品的浓妆艳抹的女子，夜幕中的华灯照着她浑身上下散发出的极其令人厌倦的无聊气息。

我和她之间还有过一段短暂的对话。

"妹子，买套化妆品吧，女人要对自己好一点儿。"

"我不用化妆品。"这在当时，倒是事实。

"你多大？"

"我20。"

"怪不得，等你到了我这个年龄，就会用了。"

我一时对她的年龄起了好奇："请问你的年龄？"

"我30了。"说完，她转身离开我，去向下一个推销目标。

多年之后，那名陌生女子憔悴疲惫、略带麻木的背影在我的记忆中仍抹不去。为何如此？我猜想，那时的我，懵懂苦闷，浑浑噩噩，不明白自己的天赋，也不清楚职业上的出路。陌生女子的出现让我得到了某种启示，我看到了自己继续这样下去的可能性，由此激发了对自身职业方向的探索。我暗自下定决心，绝不让我在她这个年龄，还做着让自己如此厌倦的无趣工作。

后来，我在自己选择的心理专业上一直保有强大的前进动力，那次邂逅必定是原因之一。我知道不是所有人都有这样的幸运，能够找到自己愿意投身其中的事业。

继续联想下去，为什么今天我又想到多年前这一幕？我很快就意识到，今日年长我 10 岁的来访者雅雯带给我的冲击和当年的推销员带给我的启示有类似之处。在意识层面我似乎一直相信我的安全感来自外在条件的建立和完善，但正如歌词透露的，"没有什么能永垂不朽"。时光荏苒，岁月变迁，假如自己有一天面临和雅雯一样的境地，又该如何？又会如何？

想到此处，我自觉惶恐。

一定还有更能支持我的核心信念存在，但被我忽略了。一时之间，我竟然抓不住头绪。我确定的是，我若不能安抚自己，便也没有力量带给雅雯。咨询工作的经验证明，咨询困境基本上是咨询师自身的困境。

让思绪继续流动。想起另一位多年之前我在养老院里探访过的远房亲戚。那时,他已八十多岁。他的一生颠沛流离、漂泊不定,中间曾短暂享受家庭的温暖,但最终老无所依,孑然一身,被政府纳入五保户。那个养老院是政府专为无亲属赡养的老人开设的,带有福利性质。与我想象中的悲苦不同,这位远房亲戚对境况竟十分自得:"现在的生活真好啊,衣食无忧,终于能安稳度日。"虽然这位老人早已过世,但当时他随遇而安、乐在当下的心态让我消除了部分对养老院的本能的抗拒。

想到此处,我的焦虑似乎有所松动,但再仔细体会,发现这个榜样的力量显然没有那么牢固,仿佛流水中的泥塑。我仍然需要寻求更有力的支持。

当天晚上,在翻看我最钟爱的存在主义大师欧文·亚隆的回忆录《成为我自己》时,有段描述深深打动了我。亚隆谈到他在霍普金斯医院担任住院医师时,曾跟随法兰克博士学习,从此两人结下深厚情谊。法兰克上了年纪之后,记忆出了严重问题。亚隆写道:只要我去东岸,一定会去疗养院看他,最后一次去看他,他说他看着窗外有趣的事情过日子,每天早上醒来,都是全新的一天,然后他笑起来,抬眼看着我,送给他的学生最后一份礼物,"你知道的,欧文,"他说,语带安慰,"一切都还不算太坏,不算太坏。"

我细细地咀嚼这段文字,竟然也像亚隆所说:每次想起他,心里便升起一股暖意。

再仔细体会内在,现在还差那么一点点,似乎就可以平衡自我。我决定静坐,来一场自我提问,和未来的自己聊聊(以下简称未来和现在)。

未来:嗨!你还好吗,年轻人。你看上去有些焦虑。仔细体会,这是你的还是别人的焦虑?

现在:这有什么不同吗?一开始确实是别人的问题引发了我的焦虑,但现在变成了我自己的问题。不过你看上去倒很像是"我以后想成为的样子"——平静、富有、祥和、满足。告诉我,你是如何做到的,这里面恐怕有我还不了解的智慧吧?

未来:现在我还不能全部告诉你,这个过程可是需要你亲身体会,不过倒是可以透露一点:每个阶段都有每个阶段的好。

现在:嗯,这我是相信的,回顾我的前半生,人一旦过了40岁,就有资格说我的前半生了,再没有比当下更让我满足的,拿什么时候都不换。

未来：说说看，你是如何做到的？

现在：以前我几乎是在为别人而活，实际上压抑着内心的冲突不满，这种状态当然不那么舒服，拧巴郁结。有首诗里是这么说的——你不快乐的每一天都是虚度了时光。后来，我的意识开始觉醒，觉察到自己的重要，这个过程我就不赘述了，反正不太轻松。我开始尊重自己的感受，也尊重他人的感受。到现在为止，我感觉到生活更加自在，也更容易把力量聚焦在当下，甚至单纯的存在都让人喜悦。说到这里，我似乎有些明白，所谓外部那些支持条件的建立，也许只是内心关系的反映。说起这些可能让人费解，但我想你是明白的。

未来：当然明白。把你认为好的事情坚持下去，也许是个不错的办法来缓解你的焦虑，终有一日，水到渠成。这点想必你早就知道。

现在：现在的我已知道，但我的来访者呢？她如何才能做到？

未来：哈哈，你又犯自以为是的老毛病啦！你怎么可能比来访者更知道她自己呢？

现在：好吧，虽然你似乎什么建议都没有给到，但我确实需要谢谢你。是的，我过于忧心了，每个人都会找到自己的解决之道。

从这一时刻开始,我就期待着和雅雯的下一次会谈,想到她所处的情境,我不再有慌乱的感觉,并确信自己已有了陪伴她的能力。

一个星期后,我又一次见到了雅雯。

咨询一开始,雅雯和我分享了她前两天做的一个梦:"这是近来我唯一一个记得清楚的梦。在梦境里,我和几个年轻男女在幽暗的隧道中探险,他们都是二十多岁的年龄,看上去像是富家子弟。我感觉自己也和他们一样大。

"有位走在前面的男子,行为轻佻,他突然转身随意拉起我的手。我反感至极,但没有当众拒绝,只是强忍不适的感觉。穿过隧道,我们一行人走到一个豪华的大城堡,金碧辉煌的大厅墙壁上挂着一幅醒目的巨大的后现代抽象派画作,整幅画作又可分割为不同的部分。每一部分都仿佛在说:我可以单独出售,只需你出个好价钱。

"接下来又到了一片空旷的场地,大家坐下来小憩,并齐齐地伸出双腿——雪白光洁,像是小时候跳芭蕾舞的样子。哦,向你说明一下,别看我现在身材走样了,当年,我可是舞者中的佼佼者。正在此时,刚刚对我举止轻浮的男子,走到我的面前,他说自己的大腿受了伤,需要我为他上药。我当即拒绝了这个会让他人误解我们关系很亲昵的提议,建议其他人帮他上药。但他神色倨傲、有恃无恐,就像吃准我一定会帮他,他说:只要你帮我,我会给你需要的一切。同时,疼痛使他面目狰狞。我一面觉得他轻薄的态度让我难堪,另一面又对他生出恻隐之心,想要缓解他的痛苦。

"我对他说:我都到了这个年龄,还能有什么事情需要你帮忙?年轻男子的脸上却露出洞悉一切、意味深远的笑,好像在说:得了吧,我可是知道你的难处。

"梦境到这里结束了,我从梦中醒来,第一时间就把它记录了下来。我想这个梦还有别的意义,我还不太能领悟。在记录这个梦的时候,写完最后一句话,我哭了。我不明白自己为何而哭。"

"真是个寓意丰富的梦!隧道中穿行,和年轻人为伍,豪华的城堡中待价而沽、不明其意的画作,只属于青春的美好形体,面对那位态度轻慢的年轻男子——我有种感觉,你似乎在感怀属于自己的青春已经一去不复返。而现在你需要的一切,希望自己能够更有尊严地得到。"

大约停顿了半分钟的时间,雅雯有些失神地重复着:"让我有尊严地得到!对,对,就是这个感觉,我的眼泪是因为委屈,我的尊严早已荡然无存。"

"那么雅雯,请继续联想下去,你在梦中对年轻男子的态度,会让你想起什么?"

"我想说梦里的年轻男子可能代表了金钱。很多年来,至少在50岁之前,我从来没有把钱放在心上过。小时候,我的家境不错,我从没有感觉到钱财上的匮乏。我在工作之后,也从来没有借着职务之便获取任何额外的好处,始终洁身自好。我还曾经特别满意自己可以过自己想要的生活,而不必被金钱奴役。

"近几年,我在经济上遭遇到了前所未有的危机。事情发生后,我从悠闲度日、肆意尽情的人——作为一个很有眼光的编辑,我有不错的收入配得上这样的生活——竟然变成人人唯恐避之不及、惶惶不可终日的负债者。"说到这里,她无意识地抓乱了头发,流露出深深的无力和愁苦感,佝偻着上身,这一刻,她像极了一个老者。

"从别人对我态度的转变中,我终于意识到金钱对大多数人而言都是很重要的事情,对我也不例外。我一面懊悔不该如此冲动让自己深陷窘境,但另一面又有些庆幸,我在相对还没有那么老的时候,明白了它的重要性。

"我曾经对朋友们开玩笑说,我没有男朋友,以后我就把钱当成我的男朋友,看我到底能不能和它处好关系。这就是我对钱的态度。我轻视它,但又想得到它,我希望以更有尊严的方式得到,不想被它控制和摆布。"

雅雯对钱财的这些观念和感觉,是如何形成的?梦中的年轻男子仅仅代表金钱吗?还是另有深意?其他丰富的意象内涵,其实都值得深入探讨,但探讨起来一定会费些工夫。由于经济和时间的压力,一开始我们之间只商定了这两次咨询。

时间有限,我决定把焦点先放在当前的现实生活中,其他的以后有机会再说:"那么近期在现实生活中,有没有发生和金钱有关的事情?"

"上周,在我们咨询后的第三天,我的老母亲提出要把房产过户给我,我真意想不到。原来她可是一直说自己的身体棒极了,远没有到过户给我的时候。"对于目前深陷窘境的雅雯来说,这无疑是件好事,但她似乎没有半点愉悦。

"你对这件事情的态度呢?"

"我当时拒绝了。"

"你有什么顾虑吗?你是否真正需要?"

"我……我需要这套房子,母亲的这套房子可以帮我还清所有的债务,甚至还有盈余。但我早已经在母亲眼里没有了尊严,如果再接受这套房子,这辈子我再无翻身的可能。"

"在母亲眼里没有尊严？这话又从何谈起？"

"我还有一个姐姐，这样说吧，我如今这么落魄，姐姐却完全相反，从小到大，她都相当优秀，早早地就出国求学、工作、结婚安家，一切按部就班。现在她六十出头，子孙满堂，生活富足，日子顺顺当当。姐姐远在国外，现如今年龄大些，三五年才回来一次，离得远就更显得姐姐好。再和我对比，越发显得我不成器。我若再接受老母亲的赠予，让她为我安排以后的生活，让人情何以堪？"

"我理解你说的没有尊严，不过，在自己母亲那里没有尊严，似乎好过在他人面前没有尊严。"

"您是在建议我接受？"

"如果是母亲的心意，也正是你需要的，如果你照顾母亲是全心全意的，那么大概可以坦然接受，也算受之无愧。重要的是接受这份馈赠并心怀感恩。"

"母亲会不会认为，到她这个年龄还要为我的生活操心有些可悲？"

"我想更重要的是你以后对钱财的规划能否让母亲安心。另外，能够在八十多岁安顿好自己女儿的生活，对于母亲来讲，难道不是一件很有成就感的事吗？你和母亲可以找个机会开诚布公地谈谈，也许你们都会有意想不到的收获。"

"好吧，我承认，我被你触动了，我会好好考虑你的建议。"

我为雅雯做出的决定暗暗松了口气，再跟进一步："如果你在经济上的压力没有了，以后会做什么打算？"

"这件事情我早早就想过了！以前我参加过一些志愿者工作，帮助照看孤寡老人，能够帮助到别人，我觉得自己特别有价值、特别幸福。那时我就知道，我愿意做这样的事情。如果我在经济上没有了压力，我最希望做的事情是成立一个家庭式的养老机构，我很清楚那些孤单无助的人需要什么。这样的工作会帮助到很多像我一样的人，当然，也会帮助到我。"

"真是一个令人鼓舞的计划！"

"但，我这个年龄，去做这样的事情，会不会太晚？"

"发现自己热爱的事业和从事热爱的事业，哪一个更重要？"

"我想，是发现更重要。"

"我还认为，当一个人发现了自己的热爱，之后所做的每一件事情都会受之影响，与之相关。"

"是这样，是这样。"她点头，"退休前由我编辑的最后一本书，关注的内容和之前有了很大的变化，一些同事看了之后，深受感动，也是我最满意的一本书。"

"我期待可以早日拜读。"

回想今天和雅雯之间的咨询，我知道自己有些时刻并没有保持足够的中立，我几乎表明了自己的态度并建议雅雯去接受母亲的馈赠。我认为这将大大提升雅雯对以后生活的安全感。另外我也深信，若能和自己的母亲倾心相谈，也会使她略显生硬的人际关系有所改善。再仔细检视这个过程，没有任何人在其中有损失，大概也符合当事人的意愿。但我知道还有一种心情起了作用，我被雅雯在生活的压迫下显露出的愁苦深深地打动了。生活本身时时可能发生磨难，会使人失去尊严。我本能地希望，品性高洁、善良热情的雅雯可以更加游刃有余地面对生活，不管是精神生活还是物质生活。所以，尽管不那么中立，我并不遗憾。

附录

案例实录与解析

每个人的感受都是自己的，而集体潜意识是相通的。

这是在一场约有 30 位参与者的心理工作坊中现场呈现的夫妻治疗。

咨询师是第一次见到两位当事人。在这次家庭治疗的过程中，咨询师秉持了后现代心理咨询中立、陪伴、未知、好奇、跟随并节制的原则开展咨询工作。可以看到，当事人家庭在现场所有参与者的支持、触动之下，前后约一个多小时的时间内，家庭的交流方式发生了明显的转变。

一、家庭目前面临的问题及妻子原生家庭的呈现

一对三十多岁的夫妇，结婚近十年，有两个孩子。一开始，先生便说明了参加这次团体工作坊的诉求：夫妻两人在日常生活中交流不畅，不能谈正事，往往一件小事就会引发剧烈的争吵，希望借这次机会改善两人的沟通方式和夫妻关系。

妻子看起来很文静、认真。丈夫看起来随和爱笑，肢体动作比较随意。

咨询师确认这对夫妇作为案例现场呈现："你们愿意当场公开处理家庭的问题吗？"他们同意了。

> 注解：得到来访者的授权非常重要，尊重来访者，才能让他们产生信任感并愿意主动合作。

咨询师先请妻子用几把椅子代表家庭成员，摆出她的原生家庭关系。妻子摆出了一家三口的结构，她的椅子被父母的椅子夹在中间靠前的位置。

> 注解：先请出妻子的原因，一方面是咨询师感觉虽然先生最先用语言表达出了改进关系的意愿，但妻子的身体语言

> 呈现出了更强烈的求助意愿，并且看上去更加开放；另一方面，说话少、显得较隐忍的妻子也可能更愿意表达，以此让家庭双方权力达到一种微妙的平衡。

咨询师请在场的成员说说自己的感受。大家给出了如下表述：

甲：感到这位女士是三口之家的中心，她被父母过度看重，家庭有压迫感；她的父母之间没有太多交流，把关注点都放在了女儿身上。

乙：自己和当事人的位置差不多，是家庭的重心。或者，她和原生家庭的密切联结可能影响到了现有家庭的交流。

丙：……

咨询师询问当事人对大家发言的感受，当事人否定了大部分的发言："我和父母一家三口相处得很好，我的感觉是他们总是能够支持到我。"

> 注解：结合其他参与者的角度和当事人的解释，可能会使大多数参与者体会到每个人的看法都不同，自己的看法只能代表个人，没有人能做到完全客观。接下来的过程也证明，大家更谨慎地斟酌自己的看法和感觉，不再轻易评价当事人，开始用"这是我的感受"来描述，这种表达接近

195

> 后现代心理治疗中未知的态度。同时,在同一个场景里,大家这样的表达方式也会潜移默化地影响当事人。

咨询师提醒:"每个人的表述各不相同,甚至不乏矛盾之处,这是因为每个人说的都是自己内在的感受,但这些信息依然会扰动当事人。"咨询师询问妻子是否需要重新摆放椅子,以接近她的真实想法。

> 注解:一个初次接触家庭治疗的来访者有可能在大家的扰动下,慢慢贴近内心更真实的状态,更能够准确表达出意愿。

妻子思考了一下,调整了自己家庭的位置,摆成了一个三角形,父母与她面对面。其中一个细节:父母的椅子是相同的颜色,而自己的椅子颜色不同。
咨询师问:"你确定吗?"
妻子又反复调整三把椅子的远近:"我确定。"

二、此时此地的沟通方式

咨询师转向这对夫妻:"或许,现在可以让我了解一下你们平时是怎么沟通的，现在请你们开始交流吧。"

> 注解：后现代心理治疗更重视此时此地，着眼于现在，而不是回溯过去，此时此地的呈现也更有说服力。

丈夫先拿过话筒："我觉得婚姻没啥大问题，这两年相处得也比以前好，就是有一点对妻子特别不满意，我认为她不独立，对我太依赖。我自己是自由自在长大的，没有人管我，作业、工作都自己完成，我是一个特别独立自律的人。"

他面对着咨询师说话，总是以"她……""可能她……"或"我以为她……"开头。

咨询师："请面对妻子，用'你'这个称呼来交流。"

先生："好的，你平时……她就是凡事都要和我讲，你……她这样我无法忍受。"

咨询师不断提醒他要面对妻子，以"你……"或"我以为你……"开头，但显然先生并不习惯，开始说话打结。

> 注解："她与我"的称谓显然阻碍了两人之间的交流，无法呈现平日互动模式。但在咨询师的一再提醒下，先生仍然不能以"你与我"的称谓来交谈，可能也反映了平日对

> 妻子的阻抗和隔离。

先生提高音量，正要举例来证明妻子太过依赖时，被先生攻击的妻子似乎已做好了辩驳的准备。

咨询师决定暂停两人之间的互动："现在先生已大致说完了两人的问题，妻子可能已准备好要回应，就像你们平日一样。不过可以预见，会有一些冲突。在你们的交流继续之前，让我们先来听听大家对先生这些发言的感受如何？"

> 注解：咨询师在这里打断妻子的回应，有可能产生的效果是：1. 从参与者的反馈中，不一样的信息会引发夫妻二人的反思；2. 妻子有可能得到支持反馈，也许会减轻想要反击先生的动力；3. 更为重要的是，在一次认真的互动过程中，如果平日原有的沟通固定模式被打破，未能重现冲突，这个过程中的转化会迁移到生活中。

夫妻二人均表示同意。咨询师询问："大家可能对先生的说法有很不一样的回应，我也不确定会说些什么，可能有些是较偏激的，有些是反对的，有些也可能是赞同的。不过，和妻子的反应一定有些不同。先生真的做好倾听的准备了吗？"

附录 案例实录与解析

先生表示准备好了。

> 注解：咨询师询问，可能是意识到大家针对先生的发言会较为激烈，用平静的询问本身来消除先生的阻抗，这样他可以用较为开放的心态来接收信息，并进行自组织。后现代心理咨询并不关心到底哪个信息起了作用，也不关心自组织的过程，后现代心理咨询更相信来访者本身的需求，会自动地接收、整合有用且需要的信息。

首先发言的是一位三十多岁的女士："我可以说我想骂人吗？你凭什么说她依赖、不独立，你自己到底有多独立？"

另一对同时参加工作坊的夫妻，男方站起身来："你这话我觉得特别不舒服，作为一个男人，就是要让妻子依靠，她不依靠你还去依靠谁？完全是不尊重妻子的感受。"

当事人此时面露尴尬，但仍克制。

发言男士的妻子也随即发言："我和我先生的交流完全不是这个样子，他更愿意听我在说什么，并且总愿意和我交流。看到这位男士的表现，我感觉我的先生特别棒。当然，这也和他这几年的成长有关。"

另一位三十多岁、自己在家带两个孩子的男士说："我不

199

愿谈，现在没有什么感觉。"但随后说："我意识到我刚才不愿意谈，其实是对自己家庭的回避。我觉得这位男士挺棒的，他今天愿意到这里来，并且说出自己的问题，已经是很好的态度。"

另一位中年女士几乎要流泪："是的，我也觉得他挺棒的，我和先生根本没有交流，他也不可能和我来到现场。其实，我挺羡慕他们。"

得到支持的当事人表情明显放松下来。

另一位年轻的女士说："这位男士说话的方式理性温和，我觉得一点问题都没有，如果我的先生能够这么理性地跟我谈谈我的问题，我会很开心。面对问题，只要双方理性地交流，就不会解决不了。"

当事人在强烈信息的冲击下，显得迷惑，神情已不像刚开始那样坚定。他开始陷入思考的状态。

咨询师说："经过这些信息的扰动，他们的沟通可能不会保持原样了。"接着咨询师转向当事人："有时候我们害怕别人依赖，是因为我们貌似独立，而实际上内心并不独立。"

中场休息。

> 到这一阶段，家庭治疗真正开始起作用，来访者原本可能

> 在潜意识层面对来自咨询师的信息产生阻抗。现在的扰动信息，完全来自其他并无明确立场的参与者，当事人不能预期，所以更容易让新的信息进入，无意识中形成了催眠效应。
>
> 后现代家庭治疗旨在拓宽来访者的意识范围，当事人接收到不同的信息时，内心必然被扰动。在这时中场休息，是为了让来访者有空间、时间对新的信息进行自组织，体会不同信息带给自己的转化，并观察自己的观念和其他人之间的差异。

三、先生的原生家庭

中场休息十分钟后，丈夫被邀请上场，摆出他的原生家庭结构。这是一个五人围坐的圆圈，男士对面是父母，两侧是两个姐姐，看起来，他把自己放在一个中心的位置。

大家又发表了对这一场景的看法，只是这一次，可能大家都意识到对上一场女方家庭结构的描述过于主观，发言开始变得谨慎。

咨询师："上一场我们说过，我们的看法不代表当事人，所以可能和当事人的实际生活有出入。但同时，对于专业咨询师来讲，如果你在咨询中对来访者没有任何感受，又如何引导当事人？虽然我们看到的故事可能并非他人家庭的真实还原，但似乎只有先看到自己的想法，了解了自己的主观性，才能放下对当事人的偏见，使自己处于中立的立场。所以，知道自己的看法仍然是重要的。"

> 注解：咨询师在面对来访者的时候，内心需要跟自己确认几个问题——当事人带给自己什么样的感受，这个感受是如何产生的？哪部分是属于自己的，哪部分可能是当事人的存在引发的？对来访者，自己心中的有效解决方案大致是什么？哪些可能会对当事人形成阻碍？自己现在愿意了解当事人的故事吗？咨询师的资源始终只能是自己的感觉，并让内在始终保持在未知的层面。

接下来许多人都先声明：这些观点只代表我的感受，不一定符合事实。

一位女士说："这位男士处在一个自我为中心、被全家人呵护的位置，我有些羡慕这样整整齐齐团结在一起的家庭。"

另一位中年男士说："这样的家庭能量是向内的，被大家包围起来的当事人真的会像他说的那样独立吗？"

有人提出:"这对夫妇选择的代表自己的椅子都是一样的。看起来,他们内在还是有一致性。"

大家都直观地感受到了男女主原生家庭结构的不同,预感到了这种差异可能引发的问题。

咨询师请大家猜这两个原生家庭在一起沟通可能会出现什么问题。

有人说,感觉男主人在女主人紧密的铁三角家庭关系中会找不到方向,而女主人在男主人的家庭中也可有可无。有同为独生女的参与者说,她突然更理解和同情女主人了,女主人是家里唯一的孩子,会独立面对许多事情,而男主人被长辈和姐姐包围照顾,可能会有点缺乏责任感。

大家议论纷纷,到最后甚至都有些期待男女主人自己要呈现出什么样的家庭结构。

> 注解:在这个讨论过程中,大家对两个原生家庭的看法、态度及推测,有可能对当事人双方造成冲击。他们借助参与者的视角,让两个人看到彼此间潜存的冲突,意识到不同的原生家庭带来的烙印,也许会因此对另一半生出更多的理解。毕竟,组建新家庭的过程,也是两个家庭文化融合的过程。

四、目前核心家庭的结构

接着咨询师邀请这对夫妇摆出他们目前核心家庭的结构。

两个人在合作之前,刚准备用语言询问对方的意图时,被咨询师制止了:"接下来的过程,请不要说话,看如何来达成一致。"

> 注解:咨询师制止两人语言交流,是因为如果两人平常的沟通常常出现激烈的冲突,今天的现场交流也可能如此。有时候两人之间的冲突恰恰是语言本身带来的。语言可以帮助交流,也常常可能使双方对语言本身的内容、方式、含义产生误解,降低看到对方真实心意的可能。如果不依靠语言而又必须达成一致,两人就只能发展出其他的交流通道,也许是感觉,也许是观察,也许是对家庭共同的信念。而这些新的交流通道,可能会帮助自己感受到对方更深层的意愿。

两人无声地合作,很快就摆好了四把椅子的结构。一家四口,团团围坐在一起,彼此之间几乎没有空隙。

妻子再动手,细细斟酌,她发现四把椅子中有一把颜色不同，希望把四把椅子换成一样的颜色。

咨询师："对你来说，椅子一样很重要，对吗？"

妻子坚持要了四把一样的椅子，把他们夫妻二人的椅子并排放着，前后位置错开一点点，两个孩子放在对面，四把椅子紧紧挨着。

咨询师再请丈夫进行调整。丈夫把夫妻二人的椅子从并排变为面对面，两个孩子分别放在两人之间。妻子又进行调整，把她和丈夫并排放在一起。丈夫想要再次调整，但最终还是没有动，似乎是尽量要尊重妻子的意思。

咨询师请两人分别把他们的原生家庭成员摆放在他们认为符合目前家庭状态的位置。女主人把父母放在自己身后，面对自己的后背。男主人把代表父母和两个姐姐的四把椅子整整齐齐地摆在身后，父母面对面，两个姐姐面对面。夫妻二人都对自己的摆放位置感到满意。

这样的场景又引发了大家的讨论。

一位女士说："感受到妻子的父母会对她的婚姻生活干预过多，给她过多意见。"

另一位女士说："刚才妻子非常执着地要拿四把一样的椅子，这让我想到我自己是不是也是个很较真、执着的人？"

一位男士说："先生的原生家庭人多，背后的信息量大，他可能很难专注地与妻子进行一对一的沟通。"

另一位男士说:"感觉这么多人聚在一起,随时会打起来。"

一位心理咨询师说:"这样一摆,很明显看到了核心家庭受到原生家庭的影响,包括他们夫妻俩,也是把自己的孩子紧紧围在自己身边。家庭成员之间边界不清晰,内部张力太大。"

> 注解:在大家发言的过程中,当事人可以借此审视目前的家庭状态,体会家庭目前状态带给自己的感觉,也为咨询师下一步把家庭带向未来视角做准备。这个过程中咨询师内在可能有一个假定,假定目前的家庭状态使当事人感受到某种压力,并希望做出调整,这是家庭关系出现转化的原动力。

五、理想视角

在大家的发言告一段落后,咨询师邀请夫妻二人对上一场留下的椅子摆放结构再做调整,摆出自己心中理想舒适的家庭状态。两人又想用语言交流,咨询师示意不可以。

> 注解:这一次避免他们用语言交流,会让每个人都努力地

> 想象自己对家庭的期待，坚持自己的主张，家庭中的每一个人都要寻找到平衡的位置，满足自己的期待，这样的家庭才能显示出真正的需求和方向。

妻子再次先上场，她先把自己的父母挪到了稍远一点的位置，又把公公婆婆挪到离丈夫远一些的位置，然后把丈夫的两个姐姐挪到了更远的靠墙的位置。她仔细调整了公公婆婆座位的角度，但没有对两个姐姐的座位进行细致的安排，而是随意放在角落。

先生又来调整，直接把妻子的父母挪到了更远一点的位置，然后把自己的两个姐姐又拉近一些，似乎有一点和妻子赌气的样子。

接下来两人轮流的调整让局势变得胶着，双方都在推远对方原生家庭的位置，但又都被对方拉回。两个人争执激烈的时候，忍不住想用语言交流，咨询师再次提醒说不可以。这样，两个人只能全身心地去感受对方。

咨询师注意到妻子面对争执，有一刻表现出了疲惫或者气馁，几乎就要放下自己手中的椅子，好像要对丈夫摆出的结构妥协。

咨询师提醒："都不要轻易妥协，婚姻中不要轻易妥协，轻易妥协只能带来更多的压抑和不满，要认真去感受，直到你真的觉得舒服了为止。"

> 注解：在咨询师感觉到两个人都开始对现在的争执感到疲倦并有了放弃的意图时，适时的促进会让争执继续。一方面，有可能使双方更加明确自己想要在婚姻中得到的；另一方面，随着争执的继续，夫妻双方可能会对争执本身产生新的想法，只有新的想法才能带来新的解决方向。

妻子又开始坚持自己的主张，先生也不甘示弱。两人开始拉锯战。

数次反复后，两人似乎开始理解双方其实有着共同的诉求。妻子有一次主动把自己父母的位置后移，先生也照做了。不久之后，呈现出的场景基本达到平衡——两人的原生家庭与这个核心家庭的距离，都比最初远了一些。

在原生家庭距离核心家庭较远这个结构基本定下来后，妻子突然主动把代表他们夫妻二人的椅子分开（她原先将其并排放在一起），变成了丈夫最初摆的面对面的位置。这似乎象征着，此时，她愿意跟丈夫面对面地交流了。

片刻的安静之后，两个人开始挪动代表核心家庭中两个孩子的两把椅子。作为局外人，并不明白小小的位置移动代表着什么，但他们两人仿佛进入了一种彼此意会的状态。

重要转机：丈夫再次把代表自己的椅子挪开了一点，妻子执着地又把椅子贴近了丈夫的椅子。丈夫看了妻子一眼，好像理解了她，动作放慢了，不再把代表妻子的那把椅子推开。从这一刻开始，两人的肢体放松下来。

最后呈现出的位置是，他俩并排坐在一起，两个孩子并排坐在他们对面。他们似乎都还想动一动孩子的位置，但最终还是没动。

咨询师问："你们觉得可以了吗，这么摆放都舒服吗？"他们点点头。

注解：在这一场无声的讨论中，夫妻二人把婚姻中的冲突演绎得惊心动魄。经历种种分歧，最终凭着对婚姻的信念找到了和谐之道。两个人都随着婚姻成长，两人之间的相互理解与依赖，成了家庭可以继续的核心因素。

咨询师这时感觉两人之间虽然现在似乎可以理解彼此，但仍对婚姻缺少宽容与珍视，决定对家庭的未来视角进行提问。

六、未来视角

咨询师:"如果这是你们想要的理想状态,那么十年以后呢?"

先生嘟囔了一句:"十年之后,我们都快五十了。"

接下来,两人的第一反应是把两个孩子又拉近自己身边,妻子的动作更快些。现在的情形是四个家庭成员并排在一起。两人都感到满意。

咨询师问:"你们确定吗?十年之后孩子十六七岁,你们确定孩子坐在这儿舒服吗?"

两人都犹豫了,最终把代表孩子的两把椅子推到了距离自己稍远一些的地方。这时候两个人的感觉非常复杂,他们似乎忽然升起了相依为命的感觉,看起来有种淡淡的伤感。他们又微调了各自原生家庭的位置,但两人的位置再也没有分开。

> 注解:这个时候,咨询师已经明显感觉到两人之间有很多情感升起来,并且确信,如果两人开口交谈,不可能再像刚开始那样生硬、互相指责、彼此防御。咨询师感觉到是时候开口交谈了。

咨询师指引二人进行语言交流:"如果现在是十年后,你们还坐在这里,先生想对妻子说些什么?"

丈夫的情绪有些激动,他的身体又靠近妻子,面对着她说:"我们走到现在特别不容易,十年后我们两人都快五十岁了,孩子都长大了,自己可能工作还很忙碌,希望对你的关心更多一些,两个人能有时间一起去旅游。"

咨询师:"你现在想握妻子的手或者拥抱她吗?"(咨询师内心升起了这种感觉。)

丈夫立即向妻子伸出双臂,两个人长时间紧紧拥抱,都流下了泪水。妻子情绪很激动,哽咽着说了一段话,表示也很感谢丈夫,自己的委屈被理解了。

大部分现场的参与者也流下了眼泪,全场自发性地对两人报以热烈的掌声。

接着在场的每个人都谈了谈自己的感受,但没让两个当事人发言。

注解:当事人在经历这一场家庭治疗后,内心的感受复杂,并非语言可以完全表达,如果当事人发言,很有可能有限的表达会减轻内在继续转化的动力。

一位中年男士说:"我好像在回避什么,这让我想到了我的家庭。也许我一直在逃避自己的家庭问题。"

一位中年女士说:"我看到了自己所处的阶段。我好像知道接下来我的亲密关系要怎么处理了。"

另一位女士说:"我看到他们发生的变化,非常感动,尤其是十年后,还能坐在这里。这是由于他们愿意交流,他们对婚姻还有信心。"

另一位女士说:"我注意到这个根本性的变化是从妻子再次靠近自己的先生时开始的,先生看了她一眼,不再拒绝。婚姻中的变化都是从看到对方开始。"

还有人表达了对他们夫妻俩的羡慕,并为他们送上祝福。

大家再次报以热烈的掌声。

小结:在这场家庭治疗中,非必要时,咨询师直接干预性的引导话语极少,治疗遵循后现代心理咨询的原则——节制、把改变的权利交给来访者。来访者在现场只是用几把椅子来代表家庭成员,这个方式显然并不能够代表家庭的全貌。但在此地经历的扰动过程,也许会对家庭产生深远、广泛的影响。心理治疗更多的是在触发蝴蝶扇动翅膀那一瞬间的动力。而这个家庭呈现的转变效果,更多的是他们内心早已设定的愿景,心理咨询师的工作只是顺水推舟。